完美牛肉
Perfect Beef

王永贤　著

中国轻工业出版社

前 言

想要享受美味，先要选对部位，这是一本烹调牛肉时必备的工具书！

你曾经有过走进超市，虽然面对着整排可供选择的牛肉，却不知该如何挑选的经历吗？或者在翻着食谱书时突然想亲自下厨做道完美的菜肴，却怎么做都不对味吗？或者，换个场景，你心中已经很清楚地知道今天要做什么菜，来到超市货架前，就能很笃定的选出自己想要的部位的牛肉，而且还清楚地知道如何去烹饪才最适合，心中就会油然而生一种成就感，这就是烹饪过程中最有趣的地方。当你脑海中浮现出今天的完美晚餐，就能继续完成采购与烹调的计划，做出最适合你口味的菜，而这，就需要你有丰富的烹饪经验。

书中每道美食的做法绝不是源于偶然的灵感，创作这本书的初衷也绝非复制一本家常食谱那么简单。这本书是一个喜爱牛肉的老饕不断经历失败之后的心得笔记，它忠实地记录着每道食物的初学者易犯的烹调错误，并且与大家分享该如何做出令人垂涎的完美口感。这些看似简单的小秘诀，其实都是不断实践所得来的结果，正所谓"美食"令人疯狂，没有什么比工作一天之后，带着愉悦的心情享用自己喜爱的食物更令人振奋。在书中，作者将牛肉的烹饪秘诀与喜爱吃牛肉的你分享，每次下厨后都让你犹如上餐馆般大快朵颐。

现在，翻开本书，你将会得到许多关于如何烹制出美味的小秘诀（这些都是主厨们不会轻易与你分享的秘密），牛肉可食用的部位可能比你想象的要多，也可能很多部位你没听说过，更没接触过。这本书将与你分享非常多的一点就通的全牛烹饪秘技，它将带领大家一起体验多元的牛肉烹饪过程。

目录

CH.1 全牛部位
Beef Cuts

CH.2 加工处理
Process

CH.3 调味方法
The Method Of Seasoning

CH.4 烹调技法
Cooking Techniques

CH.5 精品菜式
Recipe

全牛部位

CH.1 | Beef Cuts

想知道怎么做牛肉才能做出令人垂涎的美味吗？本书详尽地介绍牛肉的各个部位并给出最佳的烹调方式建议，教大家做出四季皆宜的美味全牛菜。

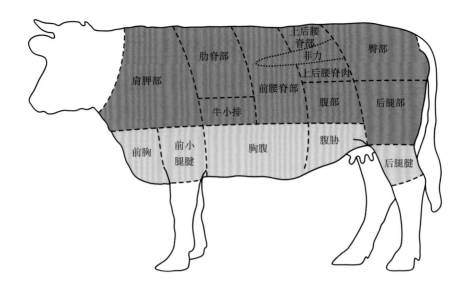

大卸八块 Wholesale Cuts

　　当一道美味的牛肉或者牛排端到你面前，你是不是只想要大快朵颐，但在享用美味之际，你可曾了解这道美味是怎样酿成的？为什么看来不过是再简单不过的烹饪方法，换个厨师味道就会不同？你是否也曾大胆地猜想从进口超市或传统市场带回新鲜的肉就能做出眼前这道令人垂涎三尺的菜品？打造美味的秘诀说穿了其实真的不难，第一个步骤只需要知道你的牛肉是否选对，它将决定你所制作的菜肴是否能够成功。

　　牛肉的品种、饲养牛的饲料决定了牛肉的口感，而餐馆也常向顾客强调牛的产地及来源，除了让食客们安心及增加对于食材的认知外，其间也透露了不同的牛肉在口感、味道上会存在差别。现在，当你对于澳洲牛（草饲）、美国牛（谷饲）等概念越来越清楚的时候，这时就表示你应该进行到下一课，更深入地认识牛肉可食用的每个部位与烹调技巧，就算你不下厨，也能准确地选择你想要的部位与烹调口感，而这种经验的逐渐累积，就能让喜爱牛肉的你燃起一丝丝的成就感。

　　以美国牛为例，如果按照美国的切割方式，大致可将一头整牛分为八个部分，再加上牛的内脏、头、尾部位，就可将其分为九个部分。切割的方式当然也不只有这一种，本书仅就市面上常见、可见、可用的部分加以介绍，其他特殊的规格，还得靠您与肉商协调购买，自己去探索。

肩胛部 Chuck

牛的肩胛部是经常活动的部位，所以这个部位的肉筋肉结实，肉与筋相间。除非能够把筋和油都剔除，要不然不太适合做成牛排。这个部位的肉比较适合的烹饪方式为卤或炖，或是切片烧烤。

板腱 Top Blade Muscle

板腱是肩胛部比较嫩的部位，很可惜中间被一大块筋穿过一分为二，如果愿意花点时间把筋去掉，可以得到两片软嫩的"精修板腱肉"。精修后的板腱柔嫩有味，适合做牛排、烧烤等，肉质可媲美肋眼肉，但是未精修的板腱则比较适合卤或炖。

肩胛里脊（黄瓜条）Chuck Tender

肩胛里脊肉质比较粗硬，中心有筋，这一部分的肉较少单独见到。很多大块的牛排是用整块肩胛横切出来的，这中间就包含几个肩胛部位的肉，肉质自然是软、硬、粗、细都有。单独的肩胛里脊除非经过嫩化处理，要不然不太适合直接做成牛排，它比较适合卤、炖或切片烧烤。

肋脊部 Rib

肋脊部主要在背的前段部位，这个部位因为不经常活动，肉质嫩，大理石油花分布多且十分均匀，是牛肉中的上等肉。

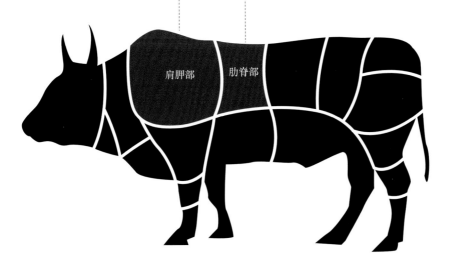

肋眼 Ribeye

从肋脊部的中间部位取出来的肉，肉质软嫩、风味十足，肉中有油有筋。喜欢吃牛油和牛筋的，一定要试试这个部位。

带骨肋眼肉 Bone-in Ribeye

将骨头与肋脊肉一同切下（肉中带骨）即为带骨肋眼肉。有一种说法认为，去掉骨头的肋脊肉才能叫肋眼肉，不然只能把它叫做肋脊肉（Rib）。这个部位的肉本来就风味十足，至于有骨头的肉好还是没有骨头的肉好，完全靠个人喜好。

上盖肉 Ribeye Cap

上盖肉又被称为"肋眼唇（Lip）"，肉质红润软嫩，油脂丰富，风味极佳，所以有不少牛肉的经营者会将这块肉特地取下，与肋眼肉分开卖（两者的肉质无论是在外观上还是在味道上都大不相同）。

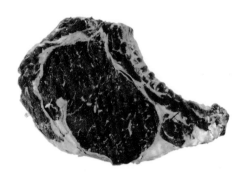

去骨肋眼肉 Boneless Ribeye

去骨肋眼肉消费者接受度较高，因为其软嫩、味足的特性，且在咀嚼之中常常可以尝到肉的甜味，所以它适合做成牛排，或者烧烤、快炒、熏烤等多样化烹饪方式。

肋眼心 Ribeye Roll

肋眼心取自第10~13根肋骨肉的肋眼部位，它被包裹在最内层，处理时，需修整掉多余的油筋后，才能将其取出。肋眼心油花分布均匀，口感嫩且有弹性。

牛小排 Short Rib

牛小排取自牛胸腔的左右两侧，含肋骨部分，但是骨头和肉中间有层脂肪，所以也很容易对其进行骨肉分离。一般切法是取第6~8根肋骨，3根骨头带着肉一起，切成接近A4纸大小的肉排。

牛小排中的油脂分布均匀，质地很柔软、甘甜，也因为其肥嫩、柔软的特性，所以适合将其烹制成熟度偏高的菜肴。

带骨牛小排 Bone-in Short Rib

市面上出售的大部分带骨牛小排是将带骨牛小排横切且厚度约在2cm以下，在一般家庭里适合煎、烧烤，或是用烤箱烤；也可尝试采用沿着骨头切开的特殊切法，将一整根带骨的牛小排进行卤或炖，也很美味。

无骨牛小排 Boneless Short Rib

去骨后的牛小排有均匀的脂肪穿插其间，肉中还带有细细的筋，适合作炭火烧烤、锅煎，或放进炉子烤。用它做成的菜肴软嫩、美味又带有嚼劲。

牛肋条（腩条）Rib Finger

牛肋骨中间的肉也是人们经常食用的部位，仔细将其取下来之后即为牛肋条，含肥肉和肉筋，比较有嚼劲。这个部位的肉比较适合做成全熟的菜肴，适合用卤、炖的烹饪方式。

肋排 Back Rib

与猪肋相比，牛肋排相对较大，烹饪方式以卤、炖或慢烤最为适合。

前腰脊部 Short Loin

牛的前腰脊部是经常活动的部位，所以这个部位的肉吃起来比较有嚼劲，风味十足。从牛的前腰脊部开始，越往后面的部位活动的频率越高，肉质也开始变得粗硬，不过很多部位的肉味道依然很好。

菲力 Tenderloin

两条藏在腰肋骨内部的肉，又叫"腰内肉"。因为腰肋骨内部不经常活动，所以这个部位的肉很软嫩，也因为这个部位的肉量较少，所以价格高。因为肉质本身软嫩的特性，所以如果有人喜欢有嚼劲的肉，那就不建议选择菲力。另外，必须注意的是，若将菲力煮到全熟，它的肉质会变得干柴，所以烹饪时也不建议煮得太熟。

西冷牛排 Striploin

西冷牛排位于脊骨外面，也被称为"外脊"，呈长条形，风味足，肉中细细的筋带有嚼劲，适合拿来炒、制作牛排、烧烤等，具有多样化的做法。

T 骨 T-Bone

腰肋骨两边为肉，上面是西冷牛排，下面是菲力，中间夹着"T"字型骨头，所以把它叫作T骨。很多人喜欢吃T骨，是因为一次可以吃到两种口感的肉。T骨加热之后中间的骨头散发出的香气，更是使得很多人对它向往不已。

后腰脊部 Sirloin

后腰脊部的位置相对靠后，靠近臀部，有风味，虽然肉质相对粗糙，但因为其价格较低，所以将它烹制成牛排是最经济实惠的选择。

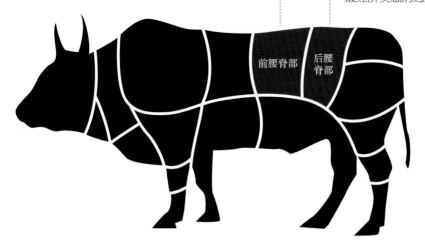

上后腰脊肉 Top Sirloin

上后腰脊肉位于后腰脊偏上的部分，与西冷牛排相连，外观与西冷牛排很相近，是整块后腰脊部中比较柔嫩的部位，也适合做成牛排。

前胸 Brisket

牛胸肉的肉质较坚韧、富有弹性，适合炖汤或红烧。

前胸肉（牛腩） Brisket

整块前胸肉呈片状，切薄片后适合做烧烤、火锅，或是将其炖熟、烤熟后，撕成牛肉丝或切片享用。

肩胛小排 Chuck Rib

位于肋骨第3~5节、牛小排前。肉质、风味与牛小排类似，肥肉的纹理像牛小排般整齐，价格比牛小排略低，适合用来做牛排、烧烤、火锅。

前小腿腱 Fore Shank

腱子肉是腿骨周边的肌肉。由于腿部经常活动，所以腱子肉有粗壮的筋贯穿其间，烹调的时候必须控制好火候及时间，才能把筋变得软烂。适合卤或炖。当肉筋在高温的作用下变成胶质时，美味、滑嫩的牛腱肉就大功告成了。

牛腿筋 Tendon

整条牛筋虽然质地较硬，但是经过高温长时间烹煮，转为胶质后的筋肉变得有弹性且美味，适合卤、炖。

胸腹 Short Plate

胸腹肉的前面是牛小排，上面是肋眼，对于许多饕客们来说，吃它时会受到一种"美味的震撼"，它吃在口中有一股特殊的香气，肉中富含油脂，适合切片烧烤或是作为火锅肉片。

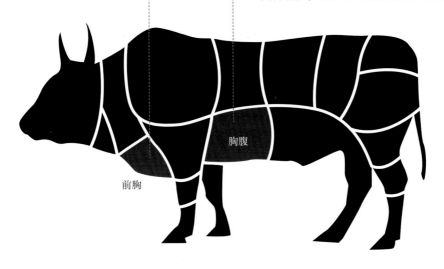

前胸

胸腹

胸腹（五花）Short Plate

这个部位的肉在精修之前含丰富的脂肪，肉质与猪肚肉相似，将其切薄片可烧烤或是涮、烫。精修过后的胸腹肉可以切片或做成骰子牛肉。

胸腹板肉 Chest

这是比较容易被忽略的部位，因为藏在骨头内侧，也因此被归为内脏。这部分的肉既经济又美味。

腹胁 Flank

腹胁部位于后腿根部前侧，这个部位的肉纹路明显，味道浓厚，可以做成各种熟度，并适合多种烹饪方式。

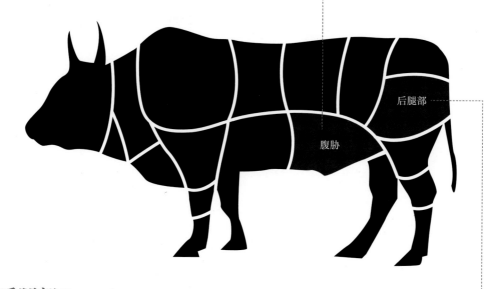

后腿部

腹胁

后腿部 Round

这个部位经常活动，肉质结实且块大，筋肉比较粗，脂肪含量相对较少，所以一些餐厅会用牛后腿来做特大牛排。

后腿肉的中间部位，肉质较硬，纤维纹理较整齐，肉形工整，可以用来炖肉，或是切薄片做烧烤、火锅，或是将其整块烤熟后切片食用。

后腿股肉（和尚头）Hind Leg

整块后腿股肉较大，脂肪含量较少。这部分的肉有时会被做成大块牛排，不过因为这个部位经常活动，所以这个部位的肉口感比较粗硬、很有嚼劲。大小适中的肉，可以先将整块烤完后，再逆纹切薄片，也就是当作牛肉火腿片享用。因为缺少脂肪和筋，肉吃起来会比较干涩，所以不建议采用炖的烹饪方式。

上后腿肉（头刀）Top Round

位于后腿上内侧，可以将其切割成大块瘦肉，肉的特性与烹饪方式可参考P18后腿股肉的叙述。

外侧后腿板肉（外侧）Flat Of Round

位于后腿外侧，呈扁平状，肉质偏粗硬，所以不适合做成牛排，但可与筋和脂肪一同烹饪。

外侧后腿眼（鲤鱼管）Eye Of Round

靠近后腿外侧的肉，较小，呈扁管状，肉的特性与烹饪方式可以参考本页外侧后腿板肉的内容。

后腿腱 Hind Shank

腱子肉适合卤或炖，长时间烹调之后筋会变成柔软的胶质，与肉搭配食用会令人感到愉悦。从后腿腱子肉中间取出的"腱子心"，是很多人吃红烧牛肉面时的最爱。

牛后腿筋 Tendon

后腿筋与前腿筋略有不同，不过烹饪的方法差异不大。"牛筋"常用来形容一个人的脑筋转不过来，如果想知道为什么这么比喻，汆烫牛筋后就可以得到答案。想象一下，这几根筋肉可以驱使牛硕大的身躯，那得需要多大的力气啊！刚烫过的牛筋非常硬，会让人怀疑这东西到底能不能吃，不过经过长时间的卤、炖之后，牛筋可是软嫩又有嚼劲的美食。

其他部位 Miscellaneous Cuts

尝过其他部位的菜肴常会让人有种意犹未尽的感受，以牛颊、牛尾、牛舌或牛膝等为原料做成的高级菜式，依旧大受喜好吃牛肉的饕客们的好评。当然，好的肉品还是得找到对的烹调方式，当你了解了食材的特性之后，你才能烹调出自己喜爱的味道。

牛舌 Beef Tongue

吃过猪舌的人，也比较容易接受吃牛舌。以牛舌为原料制作的菜肴多种多样，不过不同等级的肉，质感差异也很大。如果愿意尝试，说不定也会让你灵光一闪。

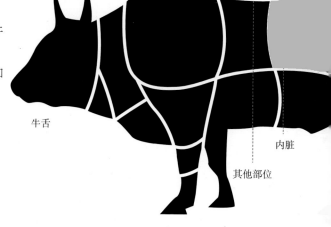

牛舌

内脏

其他部位

牛尾 Tail

牛的尾巴筋肉丰富，只要烹饪方法得当，它便是一个非常值得尝试的部位。

牛颊 Beef Cheek

牛脸部的肉，适合炖或煮。

牛膝 Osso Buco

骨肉相连，口感、风味与牛腱接近，适合炖或煮。烹饪后的牛膝软嫩且富含胶质，筋道又可口。

内脏 Organ

印象中彷佛只有亚洲人对于牛的内脏接受度较高，其实，有些美国人也将牛内脏视为珍馐。若能将牛内脏好好利用，它便能成为桌上的佳肴。

牛肝 Liver

牛肝的烹饪方式与猪肝相类似，不过不全熟的牛肝也是可以食用的。

肝连 Diaphragm

在小吃摊吃面的时候我喜欢在里面加些卤菜，猪肝连是我最常点的卤菜，口感软嫩，味道浓厚。牛肝连与猪肝连相似，是指牛的横膈膜部分，位于牛腹中间、被胸腹板肉所包围。

牛胃 Tripe

牛有四个胃，且四个胃都可食用，比较常见的是蜂巢状的第二个胃。比较受欢迎的牛肚，所用到的就是口感坚韧、比较适合卤、炖的蜂巢胃。

小牛胸腺 Calf Thymus

这个部位不太常见，因为只有小牛、小羊才有胸腺，等牛、羊长大后胸腺就缩小不见了。一般会以成年牛作肉食牛，所以在采购小牛胸腺时只能靠进口，而进口牛肉的量也不多，大家与胸腺肉自然无缘相见。胸腺肉很软嫩，但是烹饪前需要去筋膜、去腥，喜欢尝鲜的人倒是可以试试用胸腺做成的菜。

加工处理
Process

CH.2

各种评选牛肉的标准，
总离不开口感与味道，
肉的品质在付完账那一刻早已决定，
如何让平凡的牛肉变得软嫩且有好味道？

陈放（熟成）Aged

就像某些水果，放一阵子果香会更浓郁，口感也会更软嫩，牛肉也可以适当地陈放，这样，它的风味会更浓郁。要注意的是，通常将牛肉拿回家里的时候，它已经在室温状态下保存较长的时间了，所以，即使要将牛肉在家里陈放，卫生一定要达标。

陈放的方式如下：先把冰箱冷藏室温度调低一点，如果牛肉包装完好，真空包装内甚至有吸血棉，则可以直接将其放进冷藏室的低隔层（避免血水滴下污染其他食物），选择最冷的角落，在保质内放一两天。牛肉可能会从红色变为暗红色，只要卫生状况良好，牛肉颜色的明暗程度不影响风味。

如果牛肉未经过真空包装，或是牛肉浸泡在血水中，最好先找个扁平烤盆或盘子并在容器的底部垫些筷子，把牛肉放在筷子上后，然后再将牛肉放进冰箱，这样才能避免牛肉泡在血水中。

这种方法虽然简单，但是如果冰箱冷藏室温度难以调节或是没有掌握好保存的温度，存放的时间最好短一点。若是牛肉已经快要变质，那就尽快食用，不要继续存放。

拍打 Pound

如果不介意肉的形状为扁平形，拍打是简单、有效的让肉质软嫩的方式，它的原理是将肉的筋脉全数震断，将筋脉的组织破坏，把原本属于嘴的工作变成手的工作，所以肉吃起来会比较软。

拍打的方式也很简单，用肉锤在肉上面敲一敲就可以，如果怕锤子脏，就在肉上面垫一层保鲜膜。没有肉锤，擀面杖、棒子、甚至拳头都可以代替。

断筋 Hamstring

断筋的原理是将细薄的刀刃刺进肉中，以破坏其筋肉组织，让肉质变得软嫩。

我们在市面上可以买到专门用来断筋的叉子，使用的时候直接将其刺入肉内即可，若肉筋多就多刺几次，反之就少刺几次。使用断筋叉也可使肉在腌制的时候更容易入味，这样做虽然会缩短烹调时间，但是细菌也会随叉子进到肉里面去，所以用过断筋叉断筋后的牛肉要尽快烹调。

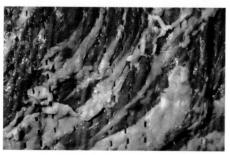

逆纹切 Cross Grain

牛的肌肉是长条形的，如果将长条形的肌肉顺向送入口中，牙齿就要把肌肉咬断，这样就会感觉牛肉比较硬，不过如果肌肉在送入口中之前就被切断，牙齿便能少做不少工作，食用时肉的口感也会变软。这个方法用来处理一些筋肉比较粗，切片后进行烹制的部位的肉很好用，例如腿部，可以改善口感，不失为经济实惠的处理方式。

不过，在逆纹切肉之前，要先观察一下筋肉的纹路，这样才不会切错方向，并达到预期效果。只要逆纹路切，无论直切还是斜切，都可以让肉质变得软嫩。

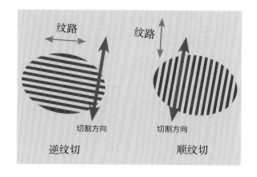

酵素 Enzyme

酵素可以分解蛋白质，所以用酵素来让肉质变软是可行的。

酵素存在于一些动植物中，木瓜、菠萝、猕猴桃、生姜中都有让肉质软化的酵素，有人会用这些植物与肉类一起烹调来软化肉质，也有人试着把植物直接放在肉的表面或是使用提炼的酵素来软化肉质。不过酵素在肉中进行催化作用速度较慢，如果要用外来酵素来嫩化肉质，很可能肉的表面已被催化，但肉的中心却没有发生任何反应；再者，肉类受酵素作用发生变化所需要的时间受温度影响，温度低时发生作用比较慢，温度高则发生作用较快，所以想用酵素来嫩肉，温度一定要控制好；还有，木瓜、菠萝、猕猴桃、生姜等本身通常有一些味道，嫩化肉类的同时也改变了肉的风味，如果不想让肉的味道发生变化，可能要另觅途径。

腌渍 Marinaded

食物酸和盐分都可以让牛肉吃起来更嫩，常用的食物酸有酒、水果、酸奶或是醋，最常见的、能提供盐分的调料则是盐与酱油。

食物酸渗入肉中的速度并不快，所以腌渍食物时，或者将其腌至少一晚上，或者将酸酸的食物与肉一起烹饪，借着烹饪来让酸味渗进肉中，也可以得到不错的效果。盐分比较容易渗入肉的组织内，5%～6%的盐分就可以使细胞发生质壁分离，不过肉也会变得很咸（此时肉中盐的浓度约为3%），需要加其他调味料调味。

如果要用腌渍法来软化牛肉，那就很难保持牛肉的原味。是否要为了提升口感而改变风味？就依个人喜好决定了。

穿油 Larding

　　根据研究，油花对肉的嫩度只起大约20%的决定作用，对牛肉的风味没有太大的影响。美国、日本对牛肉的分级标准中，肥肉含量的多少影响牛肉等级的划分，瘦肉中间如果有油花细纹，牛肉等级就比较高，如果没有油花，可以采用穿油的方式来为牛肉"加油"。

　　穿油时，有的做法是先将油脂穿到特殊专用针里面，然后再将肉穿入，考量到该器具的特殊性，一般家庭多半不会有这种器具。若想尝试简单、易行的方法，可将牛肉旁边的脂肪切下来，切成针状之后将其冷冻起来，冻硬之后将其拿出刺到肉中，可以先用小刀在肉中刺些小洞方便脂肪穿入，这样做也可以稍微破坏肌肉组织，嫩化牛肉。

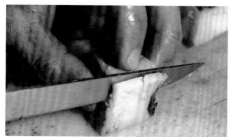

直接用肉两旁的油来加工

把脂肪切成粗针形，不用切太细，再拿去冷冻

用刀子协助在肉中穿洞

趁脂肪还处于冷冻状态，将脂肪刺入肉中

刺入肉中的脂肪

包油 Barding

包油是把脂肪包在肉外面，方法与穿油相类似，具体方法是将外层脂肪切下，切成薄片之后，再绑在肉的外圈，使牛肉在加热、烹饪过程中，在增加风味与受热时被处理。

将肉边的脂肪，仔细切成薄片状

将脂肪片绑在肉周围，再切除多余的脂肪

调味方法
The Method
Of Seasoning

CH.3

是腌渍，还是涂酱？
要用美式酱，或者日式酱？
五花八门的调味秘诀，
充分为牛肉增添多变风味。

渍 Brine

这里所说的"渍",是用盐水来腌渍食物,水中有少许盐分,就可以让水分子比较容易进出食物的细胞,适量的盐可以让肉变得有味道,足量的盐则可以让肉质软化。海水中盐的浓度为3%~3.5%,我们一般人可接受的咸度在0.5%~1%,每个人能够承受咸度的差异度很大,没有标准的参考值。如果要用盐水渍肉,盐的浓度可以控制在3%~6%,时间则是数小时到数十天,水越咸,肉质软化程度越高,另外,水分跟着盐渗入到肉内,会让肉的含水量增加。不过,所产生的副作用是肉会变咸,可能要再加其他味道,例如酸、甜、香料来中和一下。盐渍多用于整块的肥肉或海鲜,不经常用于牛肉。吃得太咸也对健康不利。

腌 Marinade

腌肉,是使用五花八门、或干或湿的调味材料,加水或其他调味液调制成各家独门腌料后,把肉腌上几天,让肉的味道转化成腌料的味道。有道是"有味使之出,无味使之入",我个人觉得腌肉比较适合用在本身味道不是很好的肉上,如果牛肉本身的味道好,就应该设法让牛肉香味被激发或找出能和牛肉相互辅助的食材来搭配。所以,我个人认为除非牛肉的品质比较差,不然腌渍料的调配原则应尽量以简单、相辅相成为主。

干腌 Dry Salting

干腌与腌渍在效果上相似，它是将干香料干干地抹在肉上，入味所需的时间会比腌渍要长。这种做法的优势在于它的便利性，例如要腌几百只火腿，如果选用液体腌渍，需要足够大的空间，所以，将干料抹在肉上面是比较可行的方式。干腌所使用的材料多为盐、胡椒、新鲜或干的香料等，种类也是依个人喜好进行选择。其实说穿了，就是将各种味道进行组合而已，一旦调配成功，它就是属于你的独门酱料。

注入 Inject

给肉调味，总是要从最外面的肉开始。不过有些味道入味较慢，尤其是大块的肉。在这种情况下，只需找个针筒，将调味料溶成液态，再注入肉里面即可。有时候，即使是味道好、等级高的肉，也都需要用这种方法来快速把盐分或独门香料注入到肉中，以起到快速入味的效果。只是这样做会破坏筋肉细胞，肉汁在加热过程中更容易流失。用较低温的温和方式来加热，就可以减少肉汁的流失。一般注入调味剂的量约是肉本身重量的1/10。

干料调味、入味时间估算

食材	调味所需参考时间
约 0.5 cm 厚的肉	1 小时以内
1 ~ 3 cm 厚的肉	3 ~ 8 小时
约 4 cm 厚的培根肉	5 ~ 7 天
整只带骨火腿（6 ~ 8kg）	40 ~ 45 天

腌渍入味时间估算

食材	加注调味剂	未加注调味剂
鸡胸，鸭胸	无需	1 天
整鸡	12 小时	1 ~ 2 天
猪腿或里脊肉	2 ~ 3 天	5 ~ 6 天
整只火鸡（4 ~ 6kg）	3 天	5 ~ 6 天
牛胸腹	3 ~ 5 天	7 ~ 8 天

烤肉酱 Barbecue Sauces

烤肉已经不只是一种吃的活动，现在，它已慢慢演化成一种社交、一种文化，三五好友或家人聚在一起，围着热烘烘的烤炉谈天说地、大啖美食。其实没有人规定烤肉的时候一定要蘸烤肉酱，不过烤肉酱明亮的色泽，搭配着肉片在烤肉架上发出"吱吱"的声音，多重感官享受，不只是用"好吃"可以解释的。

烤肉酱各有千秋，各有独家配料，以下仅做些常见配方介绍，大家可根据个人的口味增、减调味料。曾有名厨表示，自制烤肉酱最好玩的地方，就是每次的味道都不一样，只要配方稍加改变，味道就会不同。每次都像在尝鲜，非常有趣，各位不妨也在家试试。

美式 American

美式烤肉酱，就是带有酸、甜、辣味的红色酱，主要配方是番茄酱和糖，糖可以用砂糖、黑糖、白糖、蜂蜜、黑蜜糖、焦糖中的一种或几种，与蒜泥、蒜粉、辣椒粉、红辣椒、青辣椒一同调出你想要的微辣、中辣、特辣还是超级辣；用柠檬、柑橘、酒醋调出酸味；用百里香、迷迭香等调出香气。至于每种调味料的比例，只要你的味蕾点头了，怎么放都对！所以，请大家自由发挥吧！

基本制作材料

番茄酱：1 杯

蜂蜜：1/4 杯

洋葱粉：1 小匙

蒜泥：1 小匙

辣椒粉：适量

百里香 (干或新鲜)：1 大匙

做法：将材料混合，搅拌均匀即可使用。

日式 Japanese

日式烤肉酱一般给人清爽、清淡的感觉，它所用的基本原料就是酱油、糖、米酒。其中，酱油可以用一般、薄盐、日式或是自己喜爱的酱油；糖可以用各种糖（如P31美式酱料中所述）、蜂蜜、麦芽糖；酒可以用米酒、清酒，可以煮后加入也可以直接加进去；其他特殊风味，像是辣椒、蒜、味噌、洋葱、香料、柴鱼，都可以根据个人喜好加入。

基本制作材料

酱油：100 mL

清酒（或米酒）：100 mL

味噌：50 g

糖：50 g

柴鱼花：1 大匙

蒜粉：1 小匙

辣椒粉：视需要而定

做法：将材料混合后在锅中烧开，冷却后即可使用。

韩式 Korean

韩式烤肉酱一般会给人留下偏甜的印象，不过韩国人所吃的东西都是偏咸、偏辣的，但是如果到韩国当地吃烤肉，反而是比较原味的吃法，与大家印象中甜烤肉酱并不一样，相信大家都曾看过把酱油、糖按1∶1的比例调成韩式烤肉酱底的做法，不过我在这里建议大家吃原味韩式烤肉，也就是用生菜把肉和韩国泡菜包起来一起吃。

基本制作材料

酱油：1 杯

糖：3/4 杯

蒜泥：2 大匙

糯米醋：1 大匙

姜泥：1 大匙

香油：1 大匙

辣酱：1 大匙

做法：将所有食材搅拌均匀即可。

莎莎酱 Salsa

莎莎酱是在南美很流行的酱料，可与食物直接搭配食用，做法是把生的蔬菜、水果，加上一些辛香料，配成味道丰富的酱料，一般口味比较清爽，酸中带辣，与泰式酱料有异曲同工之妙。

基本制作材料

新鲜番茄：250 g（去皮，去子，切丁或切碎）

洋葱：60 g（切碎）

蒜：10 g（1～2瓣，切碎）

香菜：1/2～1根（3～5 g，取嫩叶切碎）

辣椒：10～15 g（去子，切碎）

盐：约 6 g

柠檬汁：约 3 g

做法：所有食材搅拌均匀，再加盐、柠檬汁、辣椒调味。

吉米青酱 Chimichurri

源自阿根廷的一种酱料，音译为吉米青酱。制作这款酱料的主要原料是平叶巴西里（又称荷兰芹或意大利芹），将其与油、调味料调和即为吉米青酱。这道酱蔬菜香浓郁，并带有一丝丝的酸、辣、甜。平叶巴西里可用罗勒加香菜代替，然后，再在其中加入一些酸的、辣的、香的等调味料，就可以制作出自己喜爱的青酱。这种酱可以刷在肉上面烤，也可以当作腌料，或当作蘸酱，用法变化多端。

基本制作材料

平叶巴西利（意大利芹）：一大把（约30 g）

香菜：一大把（约30 g）

柠檬：1/4～1/6个（取汁）

蒜：2瓣（切碎）

盐、胡椒粉：各适量

橄榄油：适量

做法：将所有食材搅拌均匀。

烹调技法
Cooking Techniques

CH.4

牛肉在加热的过程中会千变万化，
你可以根据最后需要的效果，
加上自己的经验，
选择适当的烹调方式。

烹调原理 Cooking Principle

烹饪方式林林总总，简而言之，就是加热而已。

肉类在受热之后，蛋白质会发生质变，温度不同，发生味道与水分的变化情况也不同，厨师根据最后需要的效果，加上自己的经验，选择适当的烹调方式。可能仅用一种方式就能完成烹调，也可能需要几种方式相互搭配。这些方式没有好或不好，只有适合或不适合，对餐厅而言，就是以绝大多数消费者的接受程度来决定。

加热蛋白质产生的质变，外观上可以从颜色分辨出来。一般来说，富含水分，甚至外观通透的食材，加热后就会如同煮白糖般产生颜色与味道的渐变，从黄色、金黄色、褐色、咖啡色到黑色，颜色越深，味道就越重。不过要注意的是，若加热过头，食物的颜色变得如炭一般黑，就会产生苦味，这可能就不是多数人会喜欢的味道了。加热期间食材味道千变万化，最后会变成哪种风味，还是要看厨师烹调的经验与技巧。

如果想要尝试激烈一点的加热方式，就选高于180℃的温度，配合使用高密度、金属类的锅具，例如用锅煎（180~240℃，传导加热）、炭烤炉烤（300~500℃，传导、辐射和对流加热）、上火烤箱（700~1000℃，辐射和对流加热），就能使食物有强烈的风味。不过经高温处理过的食材，因为水分也随之流失，肉质也会变硬。另外，食材内外存在温差，熟度不易均匀控制，这一点也需要大家注意。

如果想要用温和一点的加热方式，应该选择相对低一些的温度，配合低密度加热方式，如烤箱（150~200℃，辐射、空气对流和少量传导加热），或是高密度的波煮（又称水波煮，西餐烹调的基本方式之一，与一般水煮的区别主要是水温，水温为50~80℃，表面汤汁波动，但不能有明显的气泡）。用低温加热方式烹制的菜品内外温差小，熟度比较均匀，水分流失较少，自然比较软嫩，同时，也会因烹调时间过长，而且没有蛋白质焦褐变化产生的自然香味而影响菜的风味。

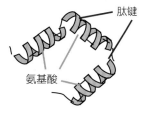

● 正常蛋白质结构

肽键

氨基酸

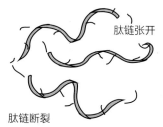

● 蛋白质受热质变结构

肽链张开

肽链断裂

● 蛋白质变性凝固后

肉色浅 肉色深

味道淡 味道浓

肉色与味道比较示意图

那么，究竟该选择哪一种加热方式比较好呢？在这里提供一个逆向思考的方法。可以先想想，最后这道食物想要呈现出什么样的效果，再来决定如何烹饪。例如，想让这道食物与一种味道浓烈的酒相搭配，那就可以选择比较高效的加热方式，以获得较饱满浓烈的味道；又如这道食物是要做给对嫩度有极高要求的客人品尝，那么加热方式就要非常柔和，同时选择较嫩的肉。没有哪一种方式是绝对完美的，要根据想要呈现什么效果及自己有什么烹调设备来做选择。

正常肌肉

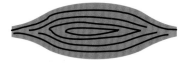

肌肉加热至50℃以下整块肌肉的半径
会缩小，少量水分也会流失

肌肉加热至50℃以上整块肌肉的长度
会缩短，大量水分会流失

干热法 Dry Method

这种加热方法的原理是利用空气对流、器具传导与辐射传热的方式来加热食物，加热后的肉表面会相对干燥。至于表皮酥脆与否，则取决于肉表面的温度，表面加热的温度越高，表皮颜色就会越深、越有风味，同时水分也越少。如果加热过头肉会被炭化，得到的就是焦、黑、苦、硬的表皮了。

炭烤 Grilling

这里所说的"炭烤"是统称，燃料可能是炭、天然气或是木头，加热方式是燃料在肉的下方燃烧，使热从下而上，兼具传导、对流与辐射三种传热方式。因为加热的温度高，且加热的方式比较高效，牛肉表面会变成较深的颜色，肉的味道也会变得非常浓厚。不过由于在加热时肉的内外存在温差，最后成品的内外熟度差异也大。

串烧 Skewer

利用炭烤炉，把食材穿在一起，再放在炉子上烤。通常会选用较小，不易直接放在烤架上烤的食材。

架烤 Grill

把肉架在架子上用明火烤，架子与火保持一段距离，利用火苗的热度来把肉烤熟，用到的几乎只有传递过来的热量，所以加热方式比较温和，食材受热也比较均匀，通常用于烤大块、整块的食材。

上火烤 Broiling

　　与炭烤所不同的是，上火烤的热源在食物的上方。食物所吸收的热量大部分来自热源本身，少部分靠空气对流以及铁架导热，所以食材的上、下表面存在很大的温差，如果食物比较厚的话，就会看到肉上表皮焦了，而肉的里面或下方受热的影响相对较小。加热的温度越高，这种差异就会越明显。这种方法有个优点，因为食材滴下的油不会接触到火，也就不会产生油烟，厨房自然会相对干净些。

锅炙 Pan Broiling

　　锅炙是先将锅烧至高温状态，再把肉放到锅中，将热传到食物上。这种烹饪方式适用于能够耐高温空烧的锅。最适合做高温烹调的炊具，便是铸铁锅。

炙烧 Burned

　　大家看过握寿司师傅表演炙烧牛肉片吗？炙烧使用喷灯喷出的火，直接对食物进行加热，因为喷灯喷出的火温度高、加热范围小，所以可以精准地对特定范围做出烧焦的效果，只要控制得当，不仅能激发出食材风味，而且还能保证食物熟度较均匀。所以说，炙烧是制造食物表面焦褐风味与颜色的好方法。

炉烤 Roasting / 烘烤 Baking

　　利用一个加热箱所散发出的比较均匀的热气，缓缓地加热食物，采用这种加热方式时，食物所受到的辐射热和对流热会各占一半，还会接收到小部分的传导热，具体情况要根据食材与外面容器接触状况而定。也有些烘烤方式会隔水加热，目的就是把强烈的传导作用降至最低，只靠辐射与空气对流来传热。

　　炉烤的方式比较缓和且食材受热较均匀，所以用这种方式烹制食物所需的时间也比较长，用的温度越低，食物受热越均匀、柔和。烤炉的材质会影响它加热的效果：大部分烤箱是用金属做的，导热快、散热也快，如果用陶瓷材质的炉壁，导热慢但是热度会均匀很多，烤出来的肉熟度会比较均匀，小块的肉可能看不出来这种效果，大块的肉差别就比较明显了。家用烤箱，除非是定做，不然市售烤箱几乎都是金属制，要实现最接近陶瓷烤箱烤制食物的效果，可以买一些陶板，最好是没有上色的那种，便宜的陶板就可以了，放在家里烤箱的最底层，起缓冲热的作用，让烤箱整体热度均匀一点，不无小用。

　　因为炉烤的加热方式相对均匀、缓和，肉的熟度就会比较均匀，如果所烹制的食材最后想要呈现整体熟度较均匀的效果，那么炉烤是个不错的选择。

熏 Smoking

人类最早使用的烟熏食物的方式，是把食物离地悬挂起来，烧些烟雾驱赶动物、蚊虫并让食物干燥，没想到这种处理食物的方式竟产生了意外的效果：食物变得更加美味。

准备工作 Preparation

如果决定要烟熏食物，烟熏前的准备工作很重要：将肉表面先风干，肉表面在半干、未干透的情况下，对食物本身有某种程度的保护作用，对烟熏风味的附着度会比较好。准备工作做完之后，把食物悬挂或是放在通风的架子上，保证食物通风良好，置于凉爽的地方，必要时要使用风扇帮助风干，直到食物表层没有水分，表面呈半干状态即可。

熏料 Fuel For Smoking

烟熏过程中比较重要的步骤，那就是选择熏料了，与其说选什么生烟的原料比较香，还不如先了解选哪些熏料是不好的：有一种木材一定要敬而远之，那就是化学高压加工过的木材，大多用在家具装潢，因为化学药剂的关系，木材在加热后释放出毒性的可能非常大，千万不要为了省事选择毒性木材。

要选天然木材，最好选有香气的硬木，如橡木、樱桃木、苹果木、山胡桃木，都是不错的选择。使用木头碎片效果会比木块好，而一些软性木头如松树，生烟时可能产生过量烟尘，可能让食物覆盖一层苦黑物质。

除了木材，一些常用香料也可以使用，柑橘皮、香料、茶叶、玉米外皮、花生壳都可以加入美味发烟香料的行列，给食物增加香味。我建议大家可以使用茶叶，不仅方便易得，味道也不错，泡过的茶叶晒干即可再利用，可谓是一举两得。

热熏 Hot Smoking

烟熏可以让食物增加风味，如果发烟的温度高一点，烟熏可以兼具加热食物的作用，不过如果温度太高，则肉的水分会流失，肉质会变得干涩。因此，所谓热熏，是将温度控制在肉类全熟温度以下（75~85℃）达到将食物加温、加味的双重效果，避免过高的温度造成食物干涩，所以热熏的功用在熏，不在烤。

冷熏 Cold Smoking

冷熏就是利用比较低的温度来熏食物让其加味，让食物不会因为高温而造成肉类细胞质变，所以冷熏的温度必须控制在38℃以下。冷熏后的肉要比热熏后的肉嫩。通常冷熏之后还要搭配其他处理或烹饪方式，像是熏鲑鱼搭配盐腌、熏火腿搭配风干、熏肠搭配煮等。一些人在冷熏食物时会将温度控制到冰箱般的温度，甚至低于4℃，避免食物滋生细菌。

熏烤 Smoke Roasting

这种方式要求的温度更高，采用类似边烤边熏的方式，只要用高于120℃以上的温度处理食材，就可以定义为熏烤，方法是将烟熏木料放在容器里，最好是金属盘，再置于烤箱底部制造烟气就可以了。大家所享受的BBQ（Barbecue），是烟熏与炭烤的组合，如果要和一般炭烤进行区分的话，BBQ强调要有烟，要用炭或木材当燃料，烹调的温度比炭烤低，所需的时间长，所以比较适合用于一些需要做成全熟的食物，像是肋骨排、有筋的部位等。

锅烤的熏烤方式，比较适合没有专业烧烤器具的家庭，方法是用两个简易烤盆，一个在下当盆子，一个在上当盖子，在盆底放个铝盘装些木碎片，上面放些架子，架子上放肉，然后从下方加热当作熏烤装备。现在也有些现成、简便的烟熏装置，可以在家里制造不错的烟熏效果，有兴趣的不妨研究、考虑。

湿热法 Wet Method

　　水的密度比空气大，所以对热的传递效果会比空气要好。换句话说，就是对食物的加热速度会快一点，用的时间短一点。

波煮 Poaching

　　说到"煮"，你是不是只会把火开到最大，水沸腾后向锅中加入食材，煮好后却又觉得这样的食物不好吃？是不是希望水煮的肉也可以软嫩美味？如果是的话，那就真的该好好考虑练习一下波煮技巧。

　　所谓"波煮"，就是把水温控制在略高于全熟温度以上，大约是一锅热水水面从泛起一个水花到沸腾之间的温度，温和地加热食物，让肉煮到所需的熟度，而不会因为在翻滚的水中煮而使肉质变得干柴。也可以在水中加入适当的调味料，当肉在成熟的同时也会变得入味，听起来是不是很方便？

焖 Simmering

　　利用略深、带有锅盖的锅，采用类似波煮的方式，放入大约至食材一半深度的汤汁即可，然后保持类似波煮的相对低温，盖上锅盖，半煮、半蒸地将食物加热至熟。

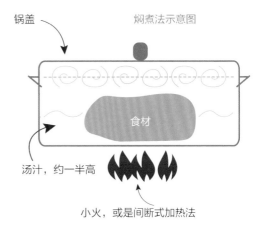

焖煮法示意图

锅盖

食材

汤汁，约一半高

小火，或是间断式加热法

熬 Boiling Down

　　熬与波煮类似，都是把食材完全浸在汤汁中煮并使汤汁保持在沸点以下的温度，目的都是在追求口感最软嫩的食物。熬与波煮所使用的温度不同，波煮所使用的温度较低，适用于较软嫩的食材，例如海鲜或是较嫩的肉类，以便保持食物原本的嫩度不因烹煮而改变；熬则是要用比较高的温度来使食物变软，所以适用于比较粗硬的食材，如猪蹄或是肉筋，使用的温度约为95℃。

煮 Boiling

煮是最基本的烹调方法之一，做法是将液体煮沸，而最常用的液体就是水。液体煮沸后将食物加入，随自己的喜好添加调味料，最后等食物到达所要的状态时捞出即完成。煮几乎可以用于所有食材，不过因为温度关系，焦褐效果并不会靠煮的方式来呈现。煮的方式很多样，可以汆烫、预煮、煮半熟、全熟，可以冷却后吃，也可热食，当然也可以搭配其他烹饪方式，制作美味的菜肴。

汆 Blanching

将食物置于沸水中一段相对短暂的时间，作用是将食物煮至半熟或全熟以去除某些不想要的味道或杂质，例如腥味、血水或是腌渍咸味等，通常都会将其从热锅中捞出后立即放入到冰箱中或冲冷水，以立即停止加热，并保持蔬菜亮丽的颜色或是冲掉杂质。

冰镇 Iced

通常是汆烫之后的步骤，借着冰水让原本升高的温度马上停止上升甚至下降，以停止烹调。

卤 Braising

可用煎或炭烤的方式，先将食材表面焦褐上色 ，再将食材浸到卤汁或高汤中，通常卤汁没过食材高度的一半即可，然后用熬的方式将食物煮熟，卤汁浓缩之后，将其稍微收干后可直接做酱汁用。

提醒一下，卤食物时，要使用厚重的锅，避免浓厚的卤汁被烧煳。

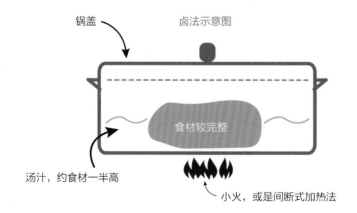

锅盖　　　卤法示意图

食材较完整

汤汁，约食材一半高

小火，或是间断式加热法

炖 Stewing

炖和卤很像，如果真的要进行细分，炖食物是先把食材切好，用几乎没过所有食材的卤汁对食材进行烹饪。炖后的食物可以直接享用，是很方便、常用的肉类烹饪方式，尤其在处理比较坚硬的筋肉时，卤和炖是很好的做法。不过和卤肉一样，卤食物时要选厚重的锅，避免汤汁被烧煳。

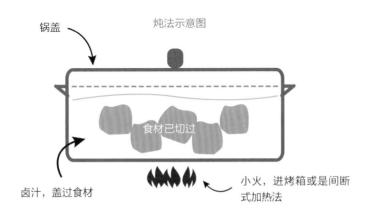

锅盖

炖法示意图

食材已切过

卤汁，盖过食材

小火，进烤箱或是间断式加热法

蒸 Steaming

蒸是利用水蒸气循环来传热，把食物加热到熟。这种烹饪方式效率高，保湿性佳，食物煮完通常不会缩水，而且因为没有直接跟水接触，能够保留食材的原味，很适合用于原本就很嫩的食物。虽然蒸食物是利用水蒸气，但是也可以用有味道的汤汁来蒸食物，例如在汤中加盐或使用高汤，更能增加食物风味。

高压烹饪 Pressure Cooking

高压锅是利用加压原理，提高锅内烹煮温度，来烹调某些不易炖熟的食材。高压锅独特的高温、高压功能，虽然对付不易炖熟的食材很有效（如结缔组织），也有高温杀菌作用，但副作用是会使肉的水分流失太多，肉会呈现干涩状，而且因为烹煮时间比较短，味道不易进入肉中，所以肉不太入味。另外，使用高压锅时要按照说明书谨慎操作，避免因操作不当造成不必要的伤害。

油脂加热法 Cooking With Fat

有些分类方式会将油脂加热法归纳为干式烹调，但是我还是认为将油脂加热法归在湿式烹调类比较适合，在此不做讨论。在烹调时，油脂可以产生比水更高的温度，让肉表面变焦，同时，肉的湿润、滑腻口感又能得到保留。

煎 Sauteing

使用少量的油，或者使用肉本身的油脂，并用高温的锅来加热食物。煎法通常会用锅炒好的料做成酱汁，或是将煎完食物的剩余汤汁制作成酱汁，与食物搭配一起享用。

炒 Stir Frying

和煎法很像，但是与煎法也存在差别：使用煎法的肉外观保持完整，而使用炒法的食材多先切过，而且比较强调翻炒频率，多用于中式菜肴。

油炸 Deep Frying

将整个食材浸入油锅中，食材不接触锅，油以高温加热，让食材有酥脆金黄、味道十足的外表，同时又鲜嫩多汁。

油炸法示意图

油，没过食材，
食材不接触锅底

食物

煎炸 Pan Frying

与油炸的原理、所炸食物的外观相同，不同的是锅炸所用的锅比较浅，油用得比较少，油的深度大约到食材一半高，所以食材还能接触到锅面，锅和油同时对食材进行加热。

煎炸法示意图

食物

油，约食材一半高，
食材接触锅底

油浸 Oil Poaching

一听到油炸，读者可能马上就联想到要将油锅加热到160～180℃以上来烹制食物，其实你可以试试"油浸"。参考波煮的温度，使油锅保持相对低温，小心、温和地把食物炸到理想熟度，感觉就像是在进行低温油炸。用油浸的方法会让食物表面变得光滑、油亮，看起来更诱人。法国就有道菜是用鸭子本身的油来做油浸菜，将鸭煮完后直接用鸭油浸泡煮好的鸭腿，放在冰箱可以保存数个月，食用时拿出来煎一下即可，方便又美味。

真空烹调 Sous Vide（Under Vacuum）

真空烹调是将食物用塑料袋真空密封，再放入水中进行烹煮，利用水稳定、均匀的导热特性，配合精准温控，保持相对低温，让食物周围温度不高于最后熟度的温度，而达到温度均匀地烹调食物的目的，食物本身的味道不会被水冲淡，食物的口感也不会因温度过高变得发柴。

真空烹调虽然被认定为现代高科技甚至分子烹饪，其实各国料理都遵循用小火炖煮的烹调原理。真空包装最早是用来保存食物，直到1970年，有厨师用这种方法来煮鹅肝，效果居然不错，再经过各大名厨的相继推崇，在当时形成了一股神话般的风潮，烹饪器具也随之出现。现在，随着低价、家用的亲民版本真空包装机的出现，这种烹饪方式已进入一般家庭中，真空烹调不再遥不可及。

传统烹调方式加热方式比较激烈，食物内外温差大，所以食物熟度不易拿捏。很多人都宣称真空烹调简单易成，将食材放入水中，时间一到便将食材拿出来，多煮几分钟也不会煮过头。不过真空烹调只是选用温和的加热方式，基本的一些工作还是要做的，步骤如右侧所示：

第1个步骤通常需要几分钟到几天的时间，如果想要简化步骤，第1步和第2步可以合并，也就是把调味腌料和食材一起密封起来，视需要放入冰箱入味，如果要马上进行烹调，可以立刻将密封后的食材放进水里。

1. 调味，腌渍

2. 真空密封

3. 加热

4. 保存

第3个步骤是加热，加热时水温的高低因食材而异，像鱼和肉所需要的温度就不同，牛肉和鸡肉所需要的温度也不同。依照想要的效果，温度也随之调整，如三分熟与七分熟用的水温就不一样。烹调时间则与烹调的食物有关，从几十分钟到几天都有可能。控制稳定的温度可以更好地烹制食物。以我的经验来说，不考虑口感、味道等其他因素，单就熟度来说，真空烹调可以达到最精准的温度控制，对于像龙虾这样精致、对烹饪温度要求比较高的食材，确实可以做出最好的熟度。

第4个步骤是保存。真空烹调后的食物需放入冰箱保存。

以牛肉为例，烹调到相同的特定温度，不同部位吃起来的口感并不会一样，做牛排时最常用到的肋眼、西冷牛排、菲力，口感的差异较大。至于怎样做最好吃，首先要选出自己喜爱的部位，再试试合自己胃口的温度，可能要亲自尝试几次，才能找出最适合的烹饪温度。

真空烹调并非万能。为了避免煮过头，真空烹调必须采用低温，但如此一来就失去了一些蛋白质在高温下才能产生的反应的机会，如焦褐上色、热封（必须在150℃以上的温度才能完成），所以用真空低温烹调，就不能兼顾到肉表面的颜色、酥脆的口感及风味。如果在乎的话，可以在进行第2个步骤、进密封袋之前，或是在第3个步骤完成之后，用高温做一下表面处理，也可以达到一样的效果。

因为要将食物装在真空包内进行水煮，所以塑料袋是非常合适的选择，现在的包装袋多具有耐热性，而且烹调时的温度不算高，所以用包装袋直接加热食物，都属于可接受的安全范围之内。但如果担心塑料在加热之后会释放出有害物质的话，那么真空烹调法可能就不是一个合适的选择了。还有一点，有些烹饪乐趣，来自食材受热后本身的变化，例如弥漫满屋的香气、食材下锅后发出的响声、通过食材颜色的变化来判断烹煮程度、看肉汁渗出的程度来判断牛排熟度等，这些乐趣可能都没有了，取而代之的是一锅温水和密封袋。所以，是否采用真空烹煮法，需要根据个人喜好决定。

讲究一点的真空烹调，需要用到两种器具，一是可密封水的真空密封机（有些真空机无法密封水），一是温控热水循环机。这两种机器价格相对昂贵，还需要一定的空间来放置，买肉、调味、上色热封、密封、烹调的步骤，听起来与平常的小火卤肉差不多。所以，建议大家先参考后面食谱介绍的烹制方式，觉得家里真的有必要买了，再来添购真空烹调机也不迟。

微波烹调 Microwave Cooking

微波炉是利用水分子高速震动产生热量的方式来加热食物，不过，用微波炉加热食物，尤其是固态食物，还是会产生热度不均匀的现象，微波强度越强，热度不均匀的现象越明显。用微波炉来加热液态食物时因为食物本身的水分起到一定的缓冲作用，所以加热效果相对比较好。我自己并不是微波炉烹调高手，只会用微波炉加热相对次要的食物，所以，我无法在书中为读者提供正确的微波炉烹饪方式，有兴趣的读者请自行翻阅相关书籍，在此说声抱歉。

精品菜式

CH.5 | Recipe

你必须彻底删除关于牛肉的错误的认知，
重新学会所有让牛肉烹调后更美味的基本功，
彻底破解那些厨师们不曾对你透露的美味秘诀。

凉拌牛筋

Beef Tendon Salad

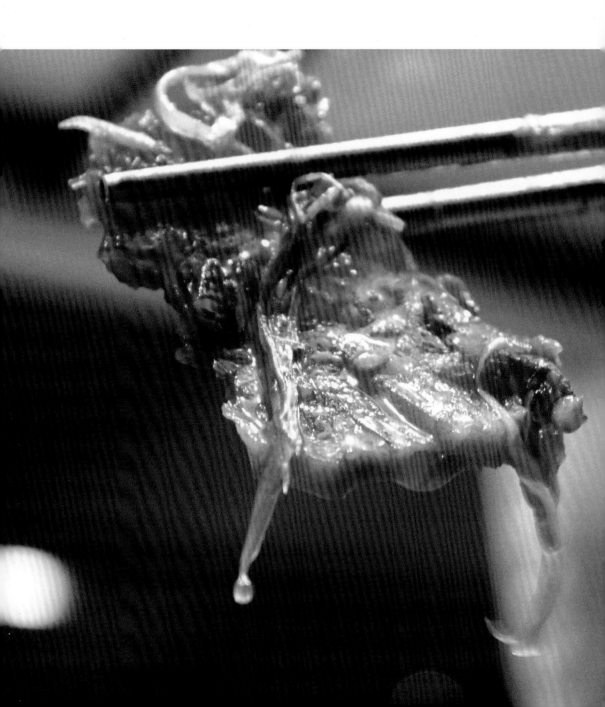

吃过牛筋的人，应该会喜欢那种有韧性又软嫩的口感。牛筋常出现于牛肉面或是卤味中，这里介绍它的另一种处理方式，这个方法是一位厨艺高超的大嫂教给我的。虽然她说方法简单，我们却失败了几次才终于学会。这道餐点很受欢迎，而且可以将其提前做好后放入冰箱，这样在请客时就会节省一部分准备菜肴的时间。

冰箱冷藏保存期限：约 5 天

材料 Ingredients

牛筋：约 1.2 kg
米酒：1 杯
姜：5 ~ 6 片

调味料 Seasoning

酱油：180 mL
盐：适量（具体的使用量须配合酱油的使用量做调整，也可能不需要使用盐。）
醋：180 mL
香油：80 ~ 90 mL
蒜：1 ~ 1.5 头（切碎或捣成蒜泥）
辣椒：适量（可用辣椒酱代替）
葱：5 根

做法 Directions

1. 牛筋视情况进行余烫，如果牛筋本身没有腥味，余烫步骤可省略。
2. 将牛筋放入高压锅，加姜与米酒，再加入水至刚好没过牛筋，但是千万不可超过高压锅的最高水位。
3. 将牛筋用高压锅煮 20 分钟，若时间太短牛筋会太硬，时间太长牛筋会软烂。掀开锅盖时牛筋的嫩度大约比魔芋果冻硬一点点，也就是我们所要烹煮的软嫩度。
4. 将牛筋冷却后放进冷藏室，至少 6 ~ 8 小时。
5. 将牛筋切片，厚度为 0.2 ~ 0.3cm（太厚则入味较慢）。牛筋四周较不成形的部分可以切成稍微大一点的块，方便食用。
6. 直接将调味料加入到牛筋中，拌匀即可。
7. 至少冷藏 4 ~ 6 小时后即可享用，隔夜后食用更好，期间要将其取出并进行搅拌，避免调味料沉底而使味道不均匀。

TIPS

1. 这道凉拌牛筋，因每个人口味差异非常大，调味料的用量仅供参考，实际味道还是必须以个人习惯来做调整。

2. 可以尝试各种风味的辣椒或辣椒酱，甚至可以用芥末调味。

3. 煮完牛筋的汤，如果没有腥味，可以当作高汤使用。

☹ 易犯错误 Common Error：

1. 烹调时间不够，牛筋太硬；或是煮的时间太长，牛筋太软烂。
2. 牛筋厚薄不一，入味程度不同。

☺ 改进之道 Improved Methods：

1. 如果牛筋煮得太硬则再用小火继续炖煮；如果牛筋煮得太软可以将其放进冰箱冷藏一晚上至一天，这样牛筋会变得再硬一点。
2. 切割时，要慢慢地切，尽量让牛筋切出来的厚度一致，这样味道会比较均匀；还有，腌渍时间如果不够，也会导致牛筋外咸内淡不入味。

🍷 餐酒 Paring Wine：

卡伯纳（Cabernet Sauvignon）红葡萄酒

干炒牛肉米粉

Beef Rice Noodle

米粉是非常受人们欢迎的一道美食，米以另一种形态呈现，别有风味。大家尝过毛豆米粉吗？如果认为毛豆只能被当作小菜，未免太委屈毛豆了，如果吃毛豆的时候还放一堆酸、甜、苦、辣味的调味料，就有点多此一举了，因为只需用盐调味，就可以吃到毛豆的香甜，其他调味料都是多余的。用毛豆制作出来的米粉，同样带有其特殊风味，品尝时比吃一般口味的米粉更多了一种享受。

一般的米粉制作时都会先将其氽烫甚至煮熟，再拌入调味料。我从一位前辈那里学到另外一种烹调方式：直接用高汤将米粉煮熟，这样，米粉会更有风味而且熟度更能掌握，口感也会更筋道。米粉的口感类似意大利面，搭配大家常食用的肉臊子或麻婆豆腐，味道会更好。

材料 Ingredients

毛豆米粉：1 包
牛肉汤：500 mL
牛碎肉：150 g
豆腐：1 块
洋葱：1/4 个（切碎）
蒜：3 瓣（切碎）
米酒：50 mL
盐、胡椒粉：各适量

做法 Directions

1. 牛肉汤适当调味后，用小火加热。
2. 将洋葱用小火炒至变透明，加入蒜末同炒，再加入牛肉碎拌炒，加入豆腐，再加入米酒收汁，加些许牛肉汤调节浓稠度，再加盐与胡椒粉或酱油调味，辣味根据自己喜好加减。
3. 在另一口锅加入牛肉汤并加热，放入毛豆米粉。当米粉吸饱了汤汁，米粉达到自己喜爱的熟度时，以小火慢慢加热牛肉汤以调整熟度，这一步是控制米粉口感的关键，可能只要 2 ~ 3 分钟，试吃达到熟度后要立即起锅。
4. 将米粉倒进碗中，淋上豆腐、牛碎肉，即成。

TIPS
制作米粉时加入墨鱼，会使米粉的口感更加丰富。

易犯错误 Common Error：
米粉煮得太硬或是太软。

改进之道 Improved Methods：
1. 将米粉煮至约九分熟就起锅，余温会让米粉的口感变得筋道。
2. 火太大、锅太热会让米粉变硬，拌炒时用小火比较容易控制火候，也可以在锅中加一点香油防止米粉粘锅，并使米粉的外观变得油亮诱人。

餐酒 Paring Wine：
黑后（Black Queen）红酒、绍兴黄酒

牛肉清汤

Beef Consomme

一道好的牛肉清汤，必须味道浓郁而均匀，颜色清澈，汤本身就是主角，几乎不需要添加其他，最多只需要些点缀物。

西餐煮清汤，多用蛋清来将高汤变清澈。有这样一种说法：法式宫廷餐宴是从意大利传过去的，意大利不少料理的做法又是在马可波罗东游之后受到影响，所以推算一下，用蛋清来让高汤更清澈的做法，很可能就是当年马可波罗到中国吃到火锅后，学到了在香浓的汤底加入蛋清、汤汁因此变得清澈而美味的方法，并将这一方法带回国内。姑且不管这种说法正确度有多少，蛋清的确可以让汤汁更清澈，看起来更清爽。清汤做法适用高汤作底，再加入足量的美味食材，配合蛋清，小火熬出清澈汤汁。

材料 Ingredients

牛瘦肉：700 g（切碎）
牛肉汤：2800 mL（冰的）
蔬菜（洋葱、西芹、胡萝卜）：250 g（切细丁）
番茄：170g（切细丁）
蛋清：5 个（打到表面起泡）
香料（胡椒粉、香芹或自己喜好的香料）：适量
油：适量
金黄色炸洋葱：1 个（用高汤煮过，带有甜味并呈现琥珀色）

做法 Directions

1. 将牛瘦肉、蔬菜、番茄与蛋清一同搅拌，搅拌均匀后，倒入冰高汤中，继续搅拌均匀。
2. 将汤锅用小火加热，期间要不断搅拌，避免锅底烧焦，搅 4~6 分钟，温度在 50 度左右，一直到汤表面浮起蛋泡并开始成形，这时候停止搅拌，轻轻在蛋泡表面挖出一个洞，加入盐、香料、炸洋葱。
3. 用小火继续煮，并从刚才挖的洞中舀起牛肉汤轻轻淋在蛋泡上。煮高汤的温度不能太高，否则蛋泡破碎溶到牛肉汤中不易清理，1~1.5 小时或者味道与清澄度均刚刚好时即成。
4. 用汤勺舀汤并仔细过滤清汤，如果将汤从锅中倒出会让牛肉汤变混浊。
5. 用盐和胡椒粉给汤调味后，即可上桌享用或冷藏、冷冻备用。

TIPS

1. 因为要做清汤，所以尽量选清的牛肉汤而不是棕色牛肉汤，虽然成品都可以变清澈，但是颜色会有深浅之分，牛肉汤也可用鸡肉汤或猪肉汤代替。至于牛肉汤的量，重量为材料的 1.5 ~ 3 倍。

2. 洋葱与胡萝卜都是煮后口感会发甜的蔬菜，如果用得多的话就更甜，但是也有可能掩盖肉味，分量要自己拿捏。蔬菜也可以更换成适合自己烹调习惯与口味的蔬菜，例如大蒜会有香味与甜味，蒜苗煮后也会变得香甜，圆白菜与大白菜炖煮之后味道更是浓郁、香甜，玉米、菌类也都是不错的选择。

易犯错误 Common Error：
汤汁不够清澈。

改进之道 Improved Methods：
熬牛肉清汤需要耐心，用小火慢熬，汤表面最好只有波动没冒泡，如果清澈度不够可以重煮，用蛋清再清一次，不过味道也会变淡，需要再添加食材增加味道。

餐酒 Paring Wine：
雪利（Sherry）酒、马德拉（Madeira）酒

牛肉清汤面

Beef Noodle Consomme

台湾牛肉面世界闻名，种类繁多，也各有特色，不过多以用酱油炖煮为牛肉面中牛肉的主要烹饪方式。牛肉清汤面独具特色，看似清汤寡水，实际上其美味指数丝毫不会输给用数十种食材、药材熬煮而成的牛肉面。

因为要将牛肉煮至全熟，我个人会选择有筋有肉的牛肉，大家熟悉的牛腱和牛腩都是不错的选择。板腱价格适中，肉中带着筋，也可以尝试；后腿肉则稍显干涩，不过切薄一点，也不失为经济实惠的选择。

接下来为大家介绍双吊高汤的做法，看似清淡的汤其实也有浓郁的风味。

材料 Ingredients（4人份）

牛肉：约1kg

胡萝卜：1根

洋葱：1个

西芹：3 ~ 4根（切丁）

牛肉汤：2000 ~ 3000mL，以没过食材为
原则，最好用牛肉汤，不然也可
用鸡肉或猪肉汤代替。

米酒：1 ~ 2杯（白葡萄酒也可以）

蒜：1瓣

盐：5 ~ 7g（牛肉汤重量的0.5% ~ 0.7%）

蒜苗：1 ~ 2根

番茄：1 ~ 2个（切大块）

香菜：适量

做法 Directions

1. 处理牛肉时，有两种做法可供选择，各有利弊：先切再炖的做法虽然比较节省时间，但是肉块的外形会比较不规整；先卤再切的方法会比较费时间，不过肉块的外形会比较平整。

2. 将牛肉下锅，加入胡萝卜、洋葱、牛肉汤、蒜、米酒、盐，小火慢炖，捞出浮渣，炖30 ~ 40分钟。

3. 牛肉炖煮的时间须自行根据其熟度决定，并在出锅前30分钟加入西芹、番茄及蒜苗。

4. 牛肉捞出后稍静置，切片或切成自己喜爱的形状，再捞出锅里的蔬菜做点缀，再撒上少许香菜，即成。

⊗ 易犯错误 Common Error：
汤的味道不香浓。

☺ 改进之道 Improved Methods：
熬汤的时候要注意控制汤的浓度，水太多的话汤的味道会清淡，看情况加调味料再熬一下或将汤汁收干一点可以增加汤的香浓度。

🍷 餐酒 Paring Wine：
粉红（Rose）葡萄酒

越式清烫牛肉面

Vietnamese Beef Noodle Blanch

越式清烫牛肉面的烹饪方式与清烫牛肉的方式类似，但是口味不同。

烹饪时，先熬一锅牛肉清汤，但是不需要使用双吊清汤的萃取方式，直接煮一锅牛肉汤即可。熬煮的过程中可以在锅中加一些肉桂及鱼露（也可先将鱼露与牛肉骨一起爆炒，之后再加料、加水熬汤），以增加汤的风味。

越式高汤在熬制时不放中药材，取而代之放些具有酸、辣、甜味道的食材，像菠萝，就是熬煮越式牛高汤的好材料。将菠萝皮清洗后，就可以下锅和高汤一起熬煮，既能提升汤的酸甜味，又经济实惠。

材料 Ingredients

鸡蛋细面（或越南河粉）：4 人份
牛肉：600g，或视个人食量而定，因为要切成薄片，可以选普通的牛肉，例如板腱、腿部或里脊，选肉质好的牛肉当然会更美味。
牛肉汤：适量
茼蒿：1～2 根（可用其他蔬菜代替）
豆芽：适量
香菜：适量
洋葱：约半个（切薄片）
柠檬：1 个（切片）

做法 Directions

1. 将牛肉置于冷库中约 2 小时，以方便将其切成薄片，切片时用逆纹切法，将牛肉切薄一点，如果切得稍厚也没关系，用肉锤或擀面杖敲薄一点就可以了。
2. 洋葱切成薄片（刀的利、钝会影响洋葱片的厚度），同时将蔬菜洗好、切好沥干备用。
3. 牛肉汤煮沸备用。
4. 将鸡蛋细面（或越南河粉）煮熟。
5. 将牛肉切薄片。
6. 面煮好后分装各碗内，将生牛肉薄片平铺在面上，再将滚烫的牛肉汤淋在牛肉上，依照牛肉变色程度决定自己喜爱的

熟度。
7. 如果觉得熟度不足，可以再把肉在热汤里涮一下。
8. 把蔬菜加入面中，挤上柠檬汁，并撒适量香菜做点缀即可。

TIPS

如果不想生吃青菜，也可以将蔬菜放在牛肉片上面用高汤烫一下，甚至用高汤煮一下。如果觉得味道太淡，可以加一些自己喜爱的调味料，如虾酱、鱼露或是辣椒酱来调味。

❌ 易犯错误 Common Error：
牛肉太熟烂。

😊 改进之道 Improved Methods：
滚烫的汤汁完全能将薄肉片烫熟，牛肉变色就要停止，觉得牛肉未断生可放进牛肉汤中再烫一下，太熟的牛肉会变得干硬。

🍷 餐酒 Paring Wine：
德国瑞丝玲（Riesling）白葡萄酒、格乌兹塔明娜（Gewurzraminer）红葡萄酒

三明治

Sandwich

广义来说，上、下层食物之间夹入一层食物，都可以称为三明治，饼中间夹菜、面包中间夹碎肉、面包片中间夹蛋、烧饼中间夹油条，差不多都可以叫做三明治。取当季、当地食材，随手可得，不需要用特殊的食材，就可以做出怡人的三明治。

以下制作方法只是众多做法之一，酱料、蔬菜、肉品、奶酪、面包等材料，换一下就是不同的料理方式，变化万千。

材料 Ingredients

面包：2 片 / 人
牛肉：100 ~ 150g/ 人，或视个人食量而定。牛肉建议以切片、切块或煮熟后手撕的方式来处理，选用的部位可以按个人喜好确定。
青菜：适量
奶酪：适量（视需要）

做法 Directions

1. 将牛肉略微煎一下，肉表面有肉汁渗出即可。
2. 将面包稍微加热，用烤箱烤一下会变得酥脆。如果没有烤箱，用厚实的炖锅煎一下也可，如果面包较湿润，可以多翻几次避免面包粘在锅底。
3. 面包烤完后与牛肉、青菜组合，如果中间夹有奶酪，建议将整个三明治用烤箱再烤一次，关上烤箱门让三明治均匀受热，然后再小心取出。咬一口，口感十足，别有一番滋味。

TIPS

如果要用炖锅代替烤箱，要考虑下列几点：

1. 厚重：锅的材质越厚重，食材受热越均匀。

2. 耐热：因为锅会被空烧，所以耐热程度一定要够。

3. 导热快：很多耐热、厚实的锅，例如陶瓷锅与铸铁锅导热不够快，会导致食材受热不均，所以不适合用于这种短时间的烹饪。

所以，如果要用炖锅来暂时充当小烤箱，铜锅是首选，而且盖子也最好是铜制，这样才能保证整个锅传热快速又均匀。

 易犯错误 Common Error：
食材太湿，导致松脆的面包被浸湿。

改进之道 Improved Methods：
选择出水量较少的食材，洗完后充分沥干水分，再做成三明治，然后尽快吃掉。

餐酒 Paring Wine：
西拉（Shiraz）葡萄酒

贝果

Bagel

贝果的外观与面包相似，但是与面包制作方式有异，口感也不同，值得一试。

材料 Ingredients·············

贝果：1 个 / 人，从中间横切
牛肉：120 ~ 150g / 人，或视个人食量而定，
　　　肉片、肉块、碎肉饼都可以。
青菜：适量
番茄：1 ~ 2 片 / 份
蛋黄酱：适量

做法 Directions ·············

1. 贝果横切开，可以稍微加热或烤一下，
　 增加其风味。
2. 牛肉烹调至所需熟度。
3. 在一片贝果底部涂上适量蛋黄酱或喜爱
　 的酱料后，依次在上面摆上牛肉、青菜、
　 番茄片、另一片贝果后，组合即成。

TIPS

　如果要用炖锅代替烤箱，要考虑下列
几点：
　　1. 厚重：锅材质越厚重，食物受热越
均匀。
　　2. 耐热：因为锅会被空烧，所以耐热程
度一定要够。
　　3. 导热快：很多耐热、厚实的锅，例如
陶瓷锅与铸铁锅导热不够快，会导致食材受
热不均，所以不适合用于这种短时间的烹饪。
　所以，如果要用炖锅来暂时充当小烤
箱，铜锅是首选，而且盖子也最好是铜制，
这样，才能保证整体温度传热能快速又均匀。

😵 易犯错误 Common Error：
食材太湿，导致松脆的面包被浸湿。

😊 改进之道 Improved Methods：
选择出水量较少的食材，洗完后充分沥干
水分，再做成三明治，然后尽快吃掉。

🍷 餐酒 Paring Wine：
美国仙粉黛（Zinfandel）红葡萄酒

潜艇堡

Sumarine Sandwiches

潜艇堡与三明治的做法相类似，差别在于所选择的面包不同。切成厚片的牛排肉是潜艇堡的主角。

材料 Ingredients

法式面包：1 个 / 人，直径为 15 ~ 20cm，
　　　　　从中间横切。

牛肉：选用肋眼肉或前腰脊肉，120 ~
　　　150g/ 人，或视个人食量而定，切
　　　条状，厚度约 1cm。

生菜：适量

番茄：1 ~ 2 片 / 份

蛋黄酱或其他酱料：适量

做法 Directions

1. 将面包横切开，可以稍微加热或烤一下，
增加风味。

2. 牛肉煎或烤至所需熟度。

3. 在一片面包底部涂上适量蛋黄酱或喜爱
的酱料后，依次在上面摆上牛肉、生菜、
番茄片、另一片面包后，即成。

🗴 **易犯错误 Common Error：**
面包选得不是太硬就是太软。

☺ **改进之道 Improved Methods：**
软式面包和硬式面包口感大不同，应先确
定自己喜欢的软硬度，再选择自己喜欢的
口味，这样比较容易成功。

🍷 **餐酒 Paring Wine：**
美国仙粉黛（Zinfandel）红葡萄酒

意式面包塔

Bruschetta

家里有面包吗？如果有的话，不妨试试这道意式面包塔。

将食材铺在烤过的切片面包上，上层食材比较软，下层面包又很烤酥，具有一定的层次。除了面包，制作意大利料理时通常都少不了蒜与橄榄油，所以在面包上抹些蒜蓉，再在上面放些自己爱吃的食材，例如：冷的、热的、奶酪、番茄、荤的、素的，再淋上橄榄油就可享用。

材料 Ingredients

面包：适量，1～3 片 / 人

牛肉：50～60g/ 人，牛肉切片、切块或切末都可以。

奶酪：适量，没有特殊喜好的，建议用口味清淡一点的马苏里拉（Mozzarella）或切达（Cheddar）。

番茄：切丁

蒜：适量（捣成蓉）

橄榄油：适量

罗勒叶：适量

做法 Directions

1. 将牛肉加热到所需熟度，静置备用。
2. 将面包切片。
3. 将面包用烤箱烤一下或用平底锅稍微干煎一下，至表面酥脆即可。
4. 根据个人喜好在面包片上涂抹蒜蓉。
5. 在面包片上放上番茄丁、牛肉、奶酪以及罗勒叶。
6. 滴上几滴橄榄油即可食用。

TIPS

如果没有在做好后立即食用，新鲜食材如番茄有可能将面包浸湿，最好将番茄去皮、去子再切丁，或是铺在奶酪上面，可以减少水分浸湿面包的可能性。

易犯错误 Common Error：
食材太湿，浸湿面包。

改进之道 Improved Methods：
选择干一点的食材，做好后马上吃。

餐酒 Paring Wine：
意大利阿斯蒂（Asti）起泡酒

牛肉生菜沙拉

Beef And Lettuce Salad

大家对沙拉应该并不陌生，每个喜欢下厨房的人都会总结出一些制作沙拉的心得，我的做法不敢说有什么奇特之处，倒是有些心得与大家分享。

清洁卫生

市售蔬菜和水果回家吃之前一定要清洗干净，有些菜是一层包一层的，最好将每一片都剥开清洗，尤其是要生吃的话，更是要将每片菜叶都清洗干净。菜叶清洗之后可以用厨房纸巾吸净清洗过程中留在叶片上的水分，因为干的菜和湿的菜不仅吃起来感觉不同，沙拉酱的用量也可以减少，所以把菜表面弄干是必要的步骤。

大小

如果把盘中的食材都切成大小适中的块或者段，可以给用餐者带来更多的便利，如果菜叶上桌时叶片还是完整的，就表示要替食客准备刀具，然后让客人自己切割。

对比

如果盘子中的食材有菜、有肉，有软的、有硬的，常常会在沙拉中放些烤面包丁、瓜子、花生，使沙拉的口感脆、硬；而酸、甜、苦、辣、咸味等调味料的加入，除了让整体风味更为丰富、平衡，也可以根据自己的喜好将沙拉做成酸一点、甜一点或是辣一点、健康一点、简单一点、丰富一点或奢华一点，制作沙拉可是能让你大显身手的好时刻。

沙拉酱

光是用蔬菜和水果毕竟会少了点味道，所以沙拉酱可以丰富蔬菜、水果平淡的味道，只是沙拉酱通常会含有很高的热量，吃多了要小心，如果有兴趣，可以自制沙拉酱，让所摄入的热量都在自己的掌控之内，更有保障。

沙拉材料 Salad Ingredients

蔬菜、水果：各适量
牛肉：120～150g/人，或视个人食量而定，牛肉可以选自己喜爱的部位，切成肉片或肉块都可以。
沙拉酱：适量
干果：适量

做法 Directions

将所有食材备好，放入大容器中后，加入沙拉酱，搅拌混合即可。

TIPS
在对叶状蔬菜进行处理时，可以采用手撕的方式，以保护蔬菜的细胞壁不被刀具所破坏，蔬菜的营养也能得到较大程度的保留。

易犯错误 Common Error：
蔬菜清洗之后未沥干水分。

改进之道 Improved Methods：
将菜叶擦干后再进行下一个步骤。

餐酒 Paring Wine：
薄酒莱新酒（Beaujolais Nouveau）

油醋酱

Vinaigrette

油醋酱的制作方法很简单，它能广泛用于许多食物的调味上。油和醋调配的比例约为3∶1或2∶1，再加些盐和胡椒粉调味即成，实际味道可以自己再调整。

材料 Ingredients

红酒醋：73 mL
橄榄油：119 mL
芥末酱：3 g
盐：8 g
胡椒粉：适量
糖：适量

做法 Directions

1. 油和水、醋是无法相溶的，在没有乳化剂的作用下，要想把油混入水中，必须掌握"把油先分化"的方法，才比较容易制作出混合均匀的油醋酱。先将醋倒入容器中，然后再慢慢地加入几滴油，把这几滴油打散，打得越细越好，原理是先让油分子被水分子包裹住，减少油分子手拉手团结在一起的机会，油分子被打细之后，可以扮演类似砂纸的角色，后续再滴入的油就比较容易均匀混合。

2. 把油分成三等份加入，加入第一个1/3的油的方式是先加入几滴，打散后再加几滴，这个步骤是成败的关键，一定要有耐心，等前面1/3的油都打好之后，第二个1/3的油就可以一小匙、一小匙地加入。完成之后，最后1/3的油可以边搅拌边加入。至于油加入的速率以及间隔，刚开始可以稳妥一点、慢一点，等自己熟练了，自然会掌握加油的小窍门。

3. 将油和醋搅拌均匀后，在其中加入芥末酱、盐、胡椒粉、糖、拌匀即可。

⊗ 易犯错误 Common Error：

搅拌均匀、静置5～10分钟后，最后还是会出现油水分离的现象。

1. 在油的选择上，这里用的是最符合多数人期待的橄榄油，如果想追求更有风味的橄榄油，可以考虑特级冷压初榨，或者是未精炼的橄榄油。西班牙橄榄油的产量和出口量均居世界之首，我们可以选用西班牙产的橄榄油来制作这道油醋酱。如果买不到也可以用意大利产的高品质橄榄油代替。

2. 醋，如果照外国食谱，通常要用红酒醋或白酒醋来制作油醋酱，醋对油醋酱味道的影响比油大，所以可以在这里下点功夫。但是因为平常家里面一般不会准备酒醋，而且一些酒醋的酸味重，有时候要加些糖来中和它的味道。市面上比较常见的是水果醋，所以用酸味、甜味、香味俱全的水果醋来制作，口味比较容易被接受，相对简单易上手。

♥ 改进之道 Improved Methods：

这里提供两个方法做参考。

（1）上菜前一秒钟才完成油醋酱的制作，淋上油醋酱后即上菜。

（2）使用乳化剂。简单地讲，乳化剂能让水和油这两种物质融合在一起，不过听到这个化学名词也不用过度担心，因为天然食物中也会有乳化剂的成分存在。食材中，我认为芥末酱最适合作为油醋酱的乳化剂，其他也能起到乳化作用的食物如蛋黄、黄豆等，在此不见得适用，而芥末酱是由芥末子制成，味道浓厚，在此拿来作为油醋酱的乳化剂再合适不过。调味芥末酱，像是蜂蜜芥末酱、法式芥末酱也可以。使用方式是先把芥末酱加入醋中混合均匀，再按照步骤2将油加入，最后再调味。

千岛酱

Thousand Island Dressing

　　千岛酱在我国很受欢迎，它的制作过程很简单，在家里就可以完成，而且可以自行调整口味。很多食谱都把千岛酱的做法写得很复杂，其实制作时用到的材料只有蛋黄酱和番茄酱。

材料 Ingredients

蛋黄酱：70 g
番茄酱：30 g
盐：适量

做法 Directions

材料的比例可以自行调整，搅拌均匀即可。喜欢甜一点的就加一点糖，喜欢酸一点的就加一点柠檬汁、酸黄瓜或酸豆，喜欢辣的可以加塔巴斯哥（TABASCO）辣椒仔、生蒜或是辣椒酱，喜欢爽脆的口感可以加一点洋葱碎，香料可以照自己喜好调整，香菜、香芹或茴香都可以，也可以加入切碎的水煮蛋，多种变化，不妨一试。

牧场酱

Ranch Sauce

　　在美国，拌沙拉时用的是大家熟知的千岛酱。美式千岛酱与我们常吃的千岛酱口味大不同，在美国比较适合中国人口味的沙拉酱是牧场酱（Ranch），清淡中带点酸甜，主要原料是蛋黄酱加酸奶（Sour Cream），简单易做而变化多端，是餐厅中使用率很高的调料。

材料 Ingredients·····················

蛋黄酱：60 g
酸奶：45 g
鲜奶：5 g
柠檬汁：2 g
盐：适量

做法 Directions ·····················

将上述材料搅拌均匀即可。同千岛酱一样，
制作牧场酱时各种材料的比例可以变化，
而且有非常多的食材可以选用、搭配，洋

葱、蒜、香葱、西芹、香菜、辣椒或辣酱等，
做出来的牧场酱口味都不同。

❌ 易犯错误 Common Error：
所选用的蔬菜清洗之后未沥干水分。

☺ 改进之道 Improved Methods：
将菜叶擦干或控干水分，再开始制作牧场酱。

🍷 餐酒 Paring Wine：
薄酒菜新酒（Beaujolais Nouveau）

小牛肋排

Veal Rib Chop

小牛泛指还没长大的牛。由于小牛的运动量较小，也还没有开始吃草，所以小牛肉颜色偏白，肉质软嫩。不过相比之下，大多数的小牛肉味道也较淡，烹饪的时候可以加一些调味料或搭配酱汁，增加牛肉的风味。

材料 Ingredients·················

带骨小牛肋眼：约 250 g/1 份，其他部位如
　　　　　菲力、去骨肋眼也同样美味。

黄油：150 g
蒜：2 瓣（切碎）
西蓝花：适量
小马铃薯：适量
圣女果：3 ~ 5 个 / 份
盐：适量
胡椒粉：适量

做法 Directions ··················

1. 将牛肉撒盐和胡椒粉进行调味。

2. 小马铃薯放盐水中煮 15 ~ 20 分钟，取出静置。

3. 将西蓝花放入盐水中余烫 1 ~ 2 分钟，取出冰镇片刻然后沥干水分，调味备用。

4. 将黄油放入锅中慢慢加热，融化时，将小牛肉放入平底锅，再依照牛肉厚度调整火力，这个步骤中火力的控制是重点。

5. 肉底面呈现漂亮的焦褐状态时翻面，继续煎另外一面。

6. 煎到最后 1 ~ 2 分钟时加入蒜末，不宜太早加入，避免蒜末变黑。

7. 小牛肉起锅后，向锅中加入整个圣女果，利用底油煎 2 ~ 3 分钟，直到表皮微皱。

8. 摆盘上桌，图中酱汁是直接淋上锅中刚刚煎牛肉所用的蒜末黄油，如果搭配红酒酱或是做成黑胡椒白酱牛排也非常适合。

⊗ 易犯错误 Common Error：
小牛肉味道不浓，熟度不合适。

☺ 改进之道 Improved Methods：
直接调整搭配的酱汁，以弥补肉本身味道的不足；在煎肉时要特别注意火候的控制，避免过熟或熟度不够，必要时可以用温度计量一下肉中心温度确保熟度。

🔔 餐酒 Paring Wine：
酒体厚实的酒，干白（Dry white）葡萄酒、干型（Brut）香槟或起泡酒

奶酪肉卷

Cheese Roll

奶酪肉卷的做法与烤肉卷很像，只是主角变成奶酪，把配角食材卷在奶酪里面，适合非常喜欢奶酪味的人，这里用的是马苏里拉奶酪，味道比较清淡，也容易加工。

材料 Ingredients

马苏里拉奶酪：约 300 g

牛肉：横膈肌一块，150 ～ 200 g（切薄片）。

茼蒿：1 小把（30 ～ 50 g）

盐：适量

胡椒粉：适量

做法 Directions

1. 将牛肉用盐和胡椒粉调味，视需要也可以先腌渍一晚，肉表面煎过或炭烤过上色，进烤箱烤至约七分熟后，取出静置、放凉。

2. 茼蒿洗净后去除中间较粗的茎，下锅炒熟，尽量将水分炒干，完成后取出备用。

3. 煮一锅盐水（约 2kg 的水加入 80 g 的盐），将盐水加热到 70℃，加热时将奶酪切成小块备用。

4. 盐水加热到 70℃后，将奶酪放入盐水中，用木匙搅拌，在奶酪的形状开始变得不规整时立即将其捞出。

5. 奶酪捞出放置在烤盆纸或保鲜膜上，将奶酪拉开塑形，拉成厚度约 0.5 cm 的薄片，厚度尽量均匀，尽量铺成方形。

6. 将牛肉逆纹斜切，尽量切薄一点，这样比较容易把它卷成肉卷。

7. 将牛肉片置于奶酪上，码放整齐。

8. 将炒好的菜平铺于牛肉片上。

9. 仔细卷起奶酪，卷好后切开即可享用，也可稍作摆饰。

😕 易犯错误 Common Error：

加热奶酪时水温太高，导致过多的奶酪溶于水中。

🙂 改进之道 Improved Methods：

用温度计量水温，保持水温在 70℃以下，如果没有温度计，70℃的水目视没有气泡，水面没有波动。

🍷 餐酒 Paring Wine：

阿尔萨斯格乌兹塔明娜（Alsace Gewurztraminer）甜浆白葡萄酒

三椒牛肉

Trio-Pepper Beef

彩椒漂亮又好吃，切条后撒上梅子粉就是一道很好吃的生菜沙拉。彩椒适用于煎、炒、煮、炸各种烹饪方式。这道三椒牛肉是将彩椒当作容器，填进牛肉后烤一下就是一道美味。

材料 Ingredients

青椒、红椒、黄椒：各 1 个
牛肉：150 g (部位不限，切碎)
洋葱：半个 (切碎)
蒜：5 ～ 10 瓣 (切碎)
橄榄油、盐、胡椒粉：各适量
奶酪：30 ～ 50 g (用自己喜欢的奶酪就可以，没有特定种类)
红酒醋：100 mL
雪利酒：100 mL (可用其他酒代替)
高汤：250 mL

做法 Directions

1. 将彩椒用火烧到焦黑后（这样做可以轻松地将彩椒的外皮剥下，若没有炭烤炉，将彩椒略微炸一下后也能去除外皮），用保鲜膜或铝箔纸把彩椒包起来，冷却 15 ～ 20 分钟。也可以把彩椒放进冰水中快速冷却，时间会短一点。

2. 锅烧热后，在锅中加入橄榄油，快炒洋葱至金黄，再加入蒜末快炒 1 ～ 2 分钟，接着调味。最后放入碎牛肉，快炒约 1 分钟，加盐及胡椒粉调味，完成后取出，加入奶酪，搅拌均匀放旁边备用。

3. 将烤箱调至 180℃ 进行预热。将彩椒去皮、切开头、取出子后，再小心地把炒洋葱肉末塞入彩椒，进烤箱烤 8 ～ 10 分钟。

4. 原本炒肉的锅的底料不要洗掉，直接加入酒收到干，再加入红酒醋收干，再加入高汤收至所需浓度，调味。

5. 将甜椒从烤箱中取出后放于盘中，淋上炒锅中剩余的酱汁，即成。

😕 **易犯错误 Common Error：**
彩椒未烧透，去皮不完全，甚至把彩椒剥烂。

🙂 **改进之道 Improved Methods：**
小心控制彩椒的炙烧程度，外表烤至完全焦黑的彩椒相对更容易去除外皮。

🍷 **餐酒 Paring Wine：**
干型（Brut）起泡酒或香槟

海陆香鲜

Surf And Turf

材料 Ingredients··········

西冷牛排：500 g（约 250 g/ 份）

鲜虾：4 ~ 6 只 / 份（去头、去肠泥）

培根：1 ~ 2 片（切碎）

蒜：4 ~ 5 瓣（切碎）

洋葱：1/2 个（切碎）

番茄酱：1 大匙

高汤：50 ~ 100 mL

红酒：100 ~ 150 mL（波特酒、马德拉酒、
　　　玛莎拉酒或雪利酒也可以）

盐、胡椒粉、油：各适量

香料：适量（香菜、罗勒、茴香都是不错
　　　的选择）

做法 Directions ··········

1. 热锅热油，将牛排（用盐和胡椒粉腌制
入味）每面煎约 30 秒钟至变成焦褐色后，
取出静置备用。接着，加入洋葱爆炒至
金黄色，约 10 分钟，加入蒜末与培根炒
出香味，炒 3 ~ 5 分钟。然后，加入酒，
收干一半，再加入番茄酱与部分高汤，
并将牛肉放回锅中继续加热，让酱汁与

牛肉结合一起，3 ~ 5 分钟后翻面继续用
小火熬煮至适当熟度，牛排起锅静置。

2. 直接在锅中加入虾和香料，虾头味道浓
郁，是制作酱汁的好材料，虾熬至半熟
时熄火拌炒，并视需要调味以及调整酱
汁浓稠度。然后，将虾及酱汁浇在牛排
上即可。

😖 **易犯错误 Common Error**：
牛排熟度不合适。

😌 **改进之道 Improved Methods**：
不同部位的牛肉所适合的熟度均不同，多
次烹饪、多加练习才能熟练掌握。

🍷 **餐酒 Paring Wine**：
黑皮诺（Pinot Noir）红葡萄酒，清淡带酸，
可以同时搭配红肉、白肉甚至海鲜，建议
直接让酒商帮忙挑选。

乌拉圭牛排汉堡

Uruguay Chivito

据统计，乌拉圭每年人均牛肉的消费量在全世界数一数二，所以在这里我才会向大家介绍在乌拉圭一种常见的牛肉吃法，这种吃法与美国费城牛肉奶酪堡（Philly Steak）有很高的相似度。

用切片的牛肉，与洋葱、蘑菇一起炒，最后加上奶酪，夹着面包一起吃就是美味方便的牛肉汉堡。做牛肉汉堡时使用的是切片菲力，也可以用自己喜爱部位的牛肉片，或是现成牛肉片即可。

材料 Ingredients

牛肉：150 ～ 200 g/ 份（建议选择肋眼、西冷牛排或是菲力）

意大利或法国面包：15 ～ 20 cm/ 份

洋葱：1/4 个（切丝）

蘑菇：2 ～ 3 个（切片）

青椒：1/4 ～ 1/6 个（切丝）

盐、胡椒粉、辣椒、油：各适量

酱料：可选用莎莎酱、蛋黄酱、番茄酱、芥末酱，或是自己喜欢的蘸酱。

奶酪：适量

做法 Directions

1. 将牛肉切成薄片。
2. 面包横切一刀，切开后稍微加热备用。
3. 热锅热油，炒洋葱、蘑菇、青椒，加盐和胡椒粉调味，辣椒依个人需要增减用量。炒至洋葱金黄软嫩（10 ～ 15 分钟），想吃生脆一点的洋葱也可以把炒洋葱的时间缩短。
4. 加入牛肉片，煎 5 ～ 15 秒钟，煎至表面焦褐即可翻面。
5. 牛肉煎好后，将所有食材与牛肉拌匀，并在最上面放奶酪，奶酪稍微溶化即完成。
6. 食用时，将所有食材夹进面包中，加些酱料一起食用。

😣 易犯错误 Common Error：
牛肉太硬。

😊 改进之道 Improved Methods：
选择软嫩一点的牛肉，不要炒太熟。

🍷 餐酒 Paring Wine：
啤酒、梅洛（Merlot）红葡萄酒

碎肉料理
Forcemeat

卫生问题

健康的牛肉，生菌只附着在牛肉的表面，所以烹调牛排的时候，热从牛肉表面传向肉中心，肉表面的高温可以杀死绝大多数生菌，整块肉中，中间的肉则熟度相对低。碎肉基本上已经把肉的筋脉切断，所以会比整块牛肉嫩，但缺点是肉汁流失得较多，煮的时间太长会容易干涩，将肉打碎的过程会把肉表面的生菌打碎到肉里，所以除非绞好的碎肉存放的时间很短，甚至是现碎现吃，要不然碎肉最好煮到全熟会比较安全。

饮食安全

香肠，热狗，汉堡类的碎肉虽然用起来很方便，也很美味，但是自己家里制作的碎肉不含添加剂，再加上所有的材料都是经自己处理，吃起来既安心又安全。

口感改良

碎肉烹调至全熟，常常会有吃起来干涩的问题，在肉里面加水并不能解决这一问题，加一些油脂反而会使这种情况得到改善。瘦肉与油脂的比例，依照菜肴与口味的不同而有差异，介于6：4与8：2之间。选肉时，可以选一些相对低价，味道又不差的部位，美国一些经典的配方中，常用到各一半的板腱与西冷牛排来搭配，因为这些部位的肉肥瘦相间，搭配起来比例刚好，风味足够，价格也比较低。不过就自己经验，如果能用肋眼或是西冷牛排来制作碎肉，味道会更好。如果买的是一般的牛肉，也可在肉馅中加入一些奶酪、橄榄油等来增加风味并提升口感。

汉堡

Hamburger

西方中古时期，一些骑士会把肉质比较粗硬的牛肉放在马鞍下，骑马时，马鞍能起到拍压牛肉的作用，下马之后再把肉剁碎，直接生吃，这就是所谓的鞑靼生牛肉（Steak tartare）。传到德国时，可能有人觉得这种吃法太血腥，所以把鞑靼生牛肉加热后再吃，并称之为"汉堡排"，之后就衍生为大家熟悉的汉堡形态。

各种汉堡都有它独特的配方，肉、酱汁、配菜、面包等，但我觉得，直接影响汉堡口味的因素，就是肉本身的风味。也就是说，肉选得好，汉堡就好吃；肉选得不好，那只好在选料、调味等方面下功夫。

用肉馅制作成汉堡肉，真正需要的调味料只有盐，其他调料则是视个人喜好进行调整。本书介绍的是众多汉堡肉配方中的一种，比较适合在家里制作，也是肉馅汉堡中我个人比较喜欢的，比较大众化。洋葱可以增加汉堡清脆的口感，芥末酱、番茄酱可以提味，鸡蛋可以让肉馅更容易抱团，也可以依照个人的口味在绞肉中加入奶酪、香菜、香料、辣酱等。

材料 Ingredients

汉堡面包：1 个 / 人

肉馅：600 g，约 150 g/ 人，也可用肉片、
　　　煮熟后撕碎的肉、或是直接用牛排。

洋葱：1 个（50 ~ 60 g，切碎）

芥末酱：1 ~ 2 大匙（10 ~ 20 g）

番茄酱：2 大匙（20 ~ 30 g）

鸡蛋：1 个

盐：约 5 g

胡椒粉：适量

面粉：少许

奶酪：约 100 g，如果肉馅中的肥肉不够，
　　　可把奶酪切碎后拌入其中。

配菜：番茄，生菜或其他配菜适量

做法 Directions

1. 在牛肉馅中加入所有调味料，搅拌均匀，
   尝试味道后，决定是否调整调味料的使
   用量。

2. 把肉馅分份儿，因为肉在加热后体积会缩小，所以把肉馅捏成比面包大一点的肉饼，并用工具把肉压平。然后，在肉表面撒些面粉，这样肉饼不容易粘黏。此时可以先将面包稍微加热。

3. 将肉饼煎或烤至适当熟度或全熟。

4. 肉饼煎好后，在面包中加入肉饼、配菜、番茄酱即可。

😣 易犯错误 Common Error：
肉饼太干。

😊 改进之道 Improved Methods：
1. 调制肉馅时应加入适量脂肪，避免肉馅过干。
2. 煎肉、烤肉过程中千万不要挤压肉饼，避免把肉汁挤出肉外。

🍷 餐酒 Paring Wine：
仙粉黛（Zinfandel）红葡萄酒，啤酒

比萨

Pizza

比萨，是一种发源于意大利的经典美食，深受人们喜爱。其实，在家里也可以做出好吃的比萨。只要处理好比萨饼皮，然后摆上喜欢的调味料和酱料，再放进烤箱烤一会儿就完成啦！

面团材料 Dough Ingredients（大约可做 3 个直径为 30 厘米的比萨）⋯⋯⋯

高筋面粉：650 g，也可在面粉重量不变的情况下，在其中掺入 220 ~ 320g 的杜兰小麦粉。

酵母粉：4 g

盐：10 ~ 12 g

橄榄油：18 mL

水：360 ~ 370 mL

番茄肉酱材料 Ketchup Ingredients ⋯⋯⋯

新鲜番茄：300 g（去皮，去子，切丁）

洋葱：150 g（切碎）

蒜：40 g（切碎）

油：40 mL

香菜：30 ~ 60 g

牛肉：100 ~ 150 g（切碎）

盐：适量

橄榄油：15 mL

黑胡椒粉：适量

比萨材料 Pizza Ingredients ⋯⋯⋯⋯⋯⋯

马苏里拉奶酪：200 ~ 300 g

帕马森奶酪：适量

橄榄油：适量

罗勒：适量

面粉选择 Select Flour ⋯⋯⋯⋯⋯⋯

我个人比较喜欢薄的面皮，用高筋面粉来制作会比较有弹性，面粉的比例也可以调整，将部分高筋面粉换成杜兰小麦粉，吃起来会有不一样的感觉。高筋面粉与杜兰小麦粉的比例可以从 3：1 逐渐调整到 1：1，找出自己最喜欢的配方。另外，有些配方的比萨面皮会比较湿，有可能比较黏手，稍微撒一些面粉就可以方便加工塑形。

盐 Salt ⋯⋯⋯⋯⋯⋯⋯⋯⋯⋯⋯⋯⋯⋯⋯

盐会改善发酵面团的工艺特性，没放盐的面团发酵效果会比较差。

和面方法 The Method Of Make Dough ⋯⋯⋯⋯⋯⋯⋯⋯⋯⋯⋯⋯⋯⋯

将面粉、酵母粉、盐、橄榄油依次倒入容器中，然后，缓缓加入水，边倒水边搅拌，充分搅匀，揉成面团。

发面技巧
Let The Flour Fermentation Techniques

为什么在有些地区做出来的面包就特别好吃？面团的发酵效果与微生物有关，除了酵母菌之外，周围环境会对发酵造成某些程度上的影响，所以在某些特定地区做出来的面团或面包，会比在其他地方所做的面团或面包特别的原因就在此。一般情况下，面团在温暖、湿润处会发生膨胀，不过如果用较长的时间来发酵，面团就会有更丰富的味道。通常在4℃左右的低温环境中，发酵需要16～20个小时。所以，如果时间足够，前一晚和好面团，覆盖保鲜膜保持湿润，放进冰箱冷藏，隔天取出时面团大约会胀到原来的2倍大，这时在将面团拉成面皮后并在上面铺满食材就可以直接烤了，如果还要进行第二次塑形，塑形完成视需要再发酵一次。

比萨的做法 Pizza Directions

1. 烤箱预热至250℃，如果烤箱较专业，可以调成更高的温度。然后，用十指将面团慢慢压出饼状，周围一圈可以厚一点。

2. 将面团向两边轻拉，拉出所需的大小，不要拉破，转60～90度再拉一下，拉出所需的形状。

3. 将面皮提起，稍微拉一下面皮周围内侧，让周围一圈形成较厚的面皮，2人份的比萨直径约为27cm。

4. 抛甩，利用离心力，可以均匀地将面团拉大。方法是用手先将面团的周围压出一圈厚面皮，之后，两手的手背弓起，双手协调向上旋转并抛出，重点是要接好，重复几次直到形成所需的形状。

5. 在烤盆（板）撒些面粉，将面皮置于烤盆上。舀一勺番茄肉酱倒在面皮中心，用勺子底将番茄肉酱慢慢向外抹平，番茄酱的分量要适中，否则它所含的水分会浸入到面皮中，留下最外圈1～2cm不要抹酱。

6. 将马苏里拉奶酪铺在番茄肉酱上。马苏里拉奶酪加热后会软化，它是让比萨拉丝且好吃的关键材料。

7. 在铺满食材的比萨上淋上一点橄榄油，进烤箱烤5 ~ 10分钟，至面皮开始焦黄，奶酪焦黄融化。出炉后再放上新鲜罗勒叶以及帕马森奶酪即可。

番茄肉酱的做法 Ketchup Directions …

1. 将锅烧热后加油，先用小火炒洋葱，加盐调味，炒至金黄透明时再下蒜末炒香。
2. 下入番茄丁，再小火炒 10 ~ 15 分钟。
3. 加入牛碎肉，加盐、黑胡椒粉调味，继续炒 20 ~ 30 分钟即可。
4. 完成后取出备用，或放入冰箱中保存。

⊗ 易犯错误 Common Error：
酱汁所含水分过多会将面皮浸湿，面皮不容易熟而且软烂。

☺ 改进之道 Improved Methods：
尽量收干酱汁中的水分，并选择出水量少的食材。

🍷 餐酒 Paring Wine：
基安帝（Chianti）经典葡萄酒

迷你堡

Mini Burger

迷你堡的做法和汉堡类似，只是它所用的堡坯比较小，所以去面包店买堡坯的时候，如果没有汉堡坯的话，买一般的小堡坯也不错，各种口味的堡坯都可以用。

因为小堡坯比较小，能包的材料就比较少，甚至食材包多了会不方便食用，所以在碎肉、调味的时候，也可以将想要的配菜切碎和在里面，减少夹层种类与高度，增加小汉堡结构的稳定性。

材料 Ingredients·····················
请参考 P87 制作汉堡时所用的材料，材料的用量可减半，一个大汉堡肉可分成 2 ～ 3 个小汉堡肉。

做法 Directions·····················

1. 将肉馅调味后，分块压扁塑形，做成 60 ～ 80g/ 份的小肉饼，两面蘸一些面粉。

2. 将小餐包横切开，两面稍微加热。将肉饼小心煎至所需熟度，与汉堡一样，在一面煎至焦褐时翻面。

3. 在汉堡坯中夹入肉饼、配菜、调味料即可。

😣 **易犯错误 Common Error**：
肉饼太干。

😊 **改进之道 Improved Methods**：
1. 绞肉馅时应加入适量肥肉。
2. 煎肉、烤肉过程中不要挤压肉饼，避免肉饼溢出肉汁。

🍷 **餐酒 Paring Wine**：
仙粉黛（Zinfandel）红葡萄酒，啤酒

肉丸
Meatballs

做肉丸，因为要将肉丸煮到全熟，所以制作时所用的肉不能全都是瘦肉，否则肉丸会太干，7∶3是瘦肉与肥肉比较适合的比例。如果买的肉本身没有肥肉，可以加入奶酪，软性奶酪的用量大概为肉馅量的30%，这样可以避免肉丸太硬。

一些做法会先煎肉丸，再进行调味，这里所介绍的做法是先做酱，再加入肉丸，一样可以煮出风味十足的肉丸。

材料 Ingredients

肉馅：600 g （所使用的部位与制作方法请参考 P85 碎肉）

调味料

小叶薄荷碎：1 大匙
芥末酱：2 大匙 （20 ~ 30 g）
番茄酱：4 大匙 （50 ~ 60 g）
盐：约 5 g
胡椒粉：适量
奶酪：50 ~ 200 g

酱 Sauce

洋葱：1 个（切碎）
蒜：1 头（切碎）
番茄：2 个（去皮，去子，切碎）
罗勒叶：2 ~ 3 束（切碎）
油：适量
高汤：100 ~ 200 mL

做法 Directions

1. 将肉馅跟盐、胡椒粉、奶酪混合后，搅拌均匀。

2. 将肉馅平分为 6 份，然后捏成球状。
3. 锅加热，加适量油，将洋葱用小火炒10 ~ 15 分钟、炒至透明后，加入蒜末爆香 2 ~ 3 分钟。再加入番茄丁，炒 5 ~ 10 分钟至出香味，也可加些番茄酱和芥末酱增加风味。
4. 加入肉丸和罗勒叶，最后加入高汤熬煮至熟（10 ~ 15 分钟）。
5. 装盘后即可上桌。

😖 易犯错误 Common Error：
制作肉丸时肥、瘦肉的比例不对，肉丸不是太干硬就是太油腻。

😊 改进之道 Improved Methods：
因为每个人用的牛肉不同，肉丸的软硬度以及肥肉、瘦肉比例难以一概而论，建议用好一点的牛肉，这样比较容易做出软嫩的肉丸。

🍷 餐酒 Paring Wine：
仙粉黛（Zinfandel）或卡本内（Cabernet）红葡萄酒

塔可

Taco

塔可算是墨西哥平民美食，用手掌大小的面皮包肉、菜、奶酪，抓起来就吃，方便又美味。最常见的面皮有面粉面皮和玉米粉面皮两种，也可以见到硬面皮与软面皮，完全根据个人喜好来选择。肉馅则是五花八门，地道墨西哥人做的塔可，猪、鸡、牛、内脏、煎的、炒的、煮的、炸的都可以入菜，适合自己的口味最重要。

材料 Ingredients

牛肉：200 ~ 300 g(切丝或切碎，部位不限)

塔可饼皮：2 片 / 份

红薯叶：1 把

洋葱：1 个 (切碎)

蒜：1 头 (切碎)

辣椒：1 ~ 2 个 (切丝)

盐：适量

胡椒粉：适量

新鲜奶酪：适量

做法 Directions

1. 这里的塔可饼皮可用买现成的面粉饼皮，可利用碗倒扣切出巴掌大小。有兴趣的也可以自己试试制作塔可饼皮。

2. 锅加热，爆炒洋葱、蒜、辣椒、盐、胡椒粉，炒至洋葱呈现金黄色（炒 10 ~ 15 分钟），加入牛肉快炒，再调味起锅。喜欢吃生洋葱的，可以不炒洋葱。

3. 饼皮中间放入炒好的食材，撒上奶酪，将整张饼皮放在手掌心，卷成"U"形，在表面撒红薯叶做装饰，即成。也可根据个人喜好再加上喜欢的蘸酱，这样就可以享用。

4. 如果买来的饼皮太大，切下来多余的部分可以油炸一下，加上莎莎酱，也是一道非常受欢迎的开胃小点心。

😵 易犯错误 Common Error：
塔可太湿，面皮被泡软烂。

😊 改进之道 Improved Methods：
沥净炒洋葱和炒牛肉的汁水，以免面皮被浸湿。

🍷 餐酒 Paring Wine：
在龙舌兰酒（Tequila）中加入柠檬汁和盐，就是一道非常适合与塔可搭配在一起的饮品。

墨西哥牛肉卷饼

Beef Roll

胸腹板肉（Chest）这个绕口的名字有个简单的俗名：横膈肌，和牛肝连（Diaphragm）（胸腹板肉在外侧、肝连在内侧）共同撑着横膈膜，牵动着呼吸。

这个部位的肉属于内脏，称不上是上等肉，不过有着深藏不露的美味，性价比较高，好吃的程度让不少人惊讶。

相传，早期，在美国南部地区，雇主们会将不好处理的部位的肉给墨西哥工人吃，墨西哥人凭着自己的烹饪天赋，用非常简单的方式让这块肉变得很美味，这种方法慢慢在美国传开，并衍生出来各种口味、各种搭配的卷饼。横膈肌肉，不只做卷饼好吃，做成沙拉、烤肉、串烧也都很美味。

材料 Ingredients

胸腹板肉：半条（1～1.5kg，为6～8人份）
洋葱：1个（切丝）
青椒：1个（切丝，红、黄椒也可以）
辣椒：适量，以墨西哥辣椒（JalapeNo）
　　　口感最佳。
盐、胡椒粉：各适量
油：适量
墨西哥饼皮：1片/份

选用香料 Selection of spices

以下香料可自行更换：
小茴香子（Aniseed）：适量
迷迭香：适量
百里香：适量

做法 Directions

1. 将牛肉放入大小适中的容器中，撒少许盐和胡椒粉，放冰箱入味，4～6小时或至隔夜。
2. 将牛肉烤到想要的熟度，取出逆纹切片备用。
3. 锅烧热后，在锅中加适量油，将洋葱、辣椒及青椒放入锅中炒5～10分钟，加入盐和胡椒粉调味，如果不敢吃太生的牛肉，可以将牛肉放进锅里一起炒，调味完成后取出备用。
4. 将墨西哥饼皮适当加热。
5. 用饼皮卷牛肉和炒菜，完成。也可以将饼皮放一盘、菜放一盘、肉放一盘、调味酱料放一边，让客人自行卷饼食用，别有一番乐趣。

😵 易犯错误 Common Error：
味道偏淡。

😌 改进之道 Improved Methods：
这道菜整体味道偏淡，加入辣味、咸味、酸味调味料会使这份卷饼更加可口。

🍷 餐酒 Paring Wine：
玛格丽特调酒冰沙（Frozen Margarita）

意大利面酱

Spaghetti Sauce

以下只列举一种牛肉意大利面酱的做法，材料可以自行替换、搭配。

材料 Ingredients

牛肉：300g，选有脂肪的部位，肋眼、无
　　　骨牛小排或其他部位，切丁或切碎。
洋葱：1 个（切碎）
蒜：1 ~ 2 头（70~150g，切碎）
蘑菇：50g（切片）
鲜奶油：150 mL
威士忌（或白兰地）：100 ~ 200 mL
橄榄油：15 mL
黄油：50 g
盐：适量
黑胡椒粉：适量
帕马森奶酪粉：适量

做法 Directions

1. 将平底锅烧热后，倒入橄榄油，爆炒牛
   肉 1 ~ 2 分钟至变色，完成后将牛肉捞
   出静置于碗内备用。
2. 平底锅应留有炒过牛肉的底油，趁热加
   入黄油，融化后爆炒洋葱 2 ~ 3 分钟至
   上色，再加入蒜末及蘑菇继续炒 1 ~ 2
   分钟。
3. 蒜末上色后加入烈酒（用大汤勺舀烈酒
   倒入锅中），注意锅内温度，并避免因
   锅倾斜晃动或甩锅翻炒而起火。如果不
   小心锅中起火也无须惊慌，不少餐厅或
   厨师反而会利用这个火焰的效果作为表
   演噱头，只要上方抽油烟机没有积累油
   垢，或是暂时关掉抽油烟机，等火熄了
   再开抽油烟机就可以了。等酒慢慢收干，
   2 ~ 3 分钟，再加入鲜奶油。
4. 将之前爆炒后的牛肉加入锅中拌炒，加
   入盐和黑胡椒粉调味。

5. 炒牛肉时要算好时间，起锅前 2 分钟将
   意大利面放入另一锅沸水中，煮约 1 分
   钟，再将意大利面捞起直接放入炒锅中，
   和其他食材搅拌约 1 分钟即可。
6. 如果面太多，捞出之后可以分批放入锅
   中拌炒，炒完再搅拌。
7. 将面装进碗盘后，可以再撒上一些自己
   喜爱的新鲜香菜，再撒上奶酪粉，完成。

😣 易犯错误 Common Error：
1. 制作面团的方法不恰当。
2. 面条煮的时间过长。

😊 改进之道 Improved Methods：
1. 揉面团的时间太短会使面团发软，可以
   在擀面或在用机器压的时候多压几下；
   擀面团的时间过长会使面团变硬，就不
   适合制作意大利面了，所以擀面团的时
   间不宜过长。
2. 煮面时间宜短不宜长，否则无法补救。

🍷 餐酒 Paring Wine：
意大利桑娇维塞（Sangiovese）红葡萄酒

意大利千层面

Lasagna

这里使用的方法是典型传统意大利千层面做法之一，用猪肉、小牛肉混合而成的肉酱来制作，用青酱、蔬菜、海鲜甚至上一餐吃剩的菜来做成酱也可以，建议选用新鲜面皮来制作此道餐点，口感更好。

材料 Ingredients

千层面皮：4 ~ 6 片
猪肉：150 g（切碎）
小牛肉：150 g（切碎）
洋葱：1/2 个（切碎）
毛豆：适量
蒜：1 ~ 2 头（70 ~ 150g，切碎）
蘑菇：30g（切碎）
鲜奶油：100 mL
鲜奶：250 ~ 300 mL
橄榄油：15 mL
黄油：50 g
盐：适量
黑胡椒粉：适量
帕马森奶酪：100 g（刨丝）
罗勒叶适量

做法 Directions

1. 面皮切成容器大小，并准备所需张数（4 ~ 6 片），将面皮余烫 10 秒钟，完成后取出静置约 10 分钟备用。

2. 锅加热，加少许橄榄油，将猪肉和小牛肉先爆炒上色并调味，取出静置备用。然后，在锅中加入适量油，将洋葱以小火炒约 15 分钟至金黄透明，加入蘑菇与蒜末炒 1 ~ 2 分钟，加入鲜奶油与先前爆炒的肉，加适量盐调味，小火煮至肉酱熟透。

3. 另取一锅，慢慢加入鲜奶、黄油并调味成为白酱。

4. 在烤盆底部铺薄薄一层白酱，避免粘底。之后放上面皮，在面皮上均匀铺上白酱、肉酱与帕马森奶酪，奶酪的量可稍微多一点，根据烤盆的大小继续制作 4 ~ 5 层，最上层再撒上一层帕马森奶酪，进烤箱烤 10 ~ 15 分钟。

5. 用煮面水烫一下毛豆，2 ~ 3 分钟，完成后将毛豆用黄油小火炒至软，软嫩度可以试吃一下，按自己喜好来决定，炒 2 ~ 10 分钟。将毛豆用汤匙或压泥器压碎，压碎的程度也是按自己喜好决定（成品图所示范的豆子形状比较完整，因为我比较喜欢嚼豆子的感觉）。加入鲜奶油调味。

6. 千层面烤熟后取出，静置 5 ~ 10 分钟，切成所需大小。

7. 盘子里先放上豆泥，需要的话，豆泥可以用模子定形，豆泥上再放千层面。

8. 最后，千层面上可以按自己口味再加上帕马森奶酪、橄榄油、黑胡椒粉、罗勒叶，如果在宾客面前现磨加料，也是另一种视觉效果。

TIPS

有些食谱坚持要用小牛肉来制作千层面酱，但是在市面上，小牛肉不容易见到。一般小牛肉细致滑嫩，不过肉味较淡，如果要找替代品，其实并不容易，如果真的找不到，也可以用美国牛肉代替。

❌ 易犯错误 Common Error：
面皮不熟或过熟。

☺ 改进之道 Improved Methods：
每个人自制面皮都有差异，很难用单一标准判断，而面皮烫一下就已经快熟了，酱料也都是煮过的，所以先烤 8 ~ 10 分钟，试试边角面皮的熟度，若没有熟透应再放进烤箱烤，完成后出炉静置休息，可以让熟度更均匀。可能要练习几次，才能掌握做法。

🍷 餐酒 Paring Wine：
意大利基安帝（Chianti）红葡萄酒

吐司比萨

Toast Pizza

家里有小烤箱，就可以做出吐司比萨。吐司比萨像缩小版的比萨，用吐司、奶酪、爱吃的食材以及番茄酱就可以完成，制作方法又简单，很适合在家中做或少量制作。

材料 Ingredients

奶酪：1 片
牛肉番茄酱：适量
奶酪：适量
香菜：适量

做法 Directions

1. 将烤箱预热至 200℃，预热烤箱的同时，在吐司上抹上一层牛肉番茄酱，撒上奶酪，奶酪上面还可以加上自己喜欢的食材（将食材先煮好可以缩短制作时间，香肠、肉片、海鲜、水果，任君选择），并用香菜做装饰。

2. 预热结束后，将铺满食材的吐司放入烤箱中烤 10 ~ 15 分钟，当奶酪融化、表面焦黄即完成。

😵 易犯错误 Common Error：
酱汁本身含一部分水分，另外，一些食材易出水，使得整个比萨被浸湿，面皮不容易熟而且软烂。

😊 改进之道 Improved Methods：
尽量收干酱汁中的水分，并选择比较出水量较小的食材。

🍷 餐酒 Paring Wine：
基安帝（Chianti）经典葡萄酒

西班牙炖饭

Paella

西班牙炖饭不像意式炖饭奶类食材的使用量较大，西班牙炖饭相对比较干，我觉得它类似中式米饭。这道料理也有人将其翻译成西班牙烤饭，因为最后一步是可以在烤箱内完成的。

米饭的淀粉含量高，烹饪的时候容易粘在锅底，选择锅具时要考虑到这一点，如果要按照西班牙传统做法，会用铁锅来烹饪，但是铁的导热性差，加热的时候要小心一点，如果要选择的话，厚重的锅会比较好用。

另外，要做到米饭粒粒分明，煮熟后又有弹性，这道西班牙炖饭才算是成功。

材料 Ingredients（6 ~ 8 人份）·········

米：5 杯（约 800 g）
牛肉：约 300 g（切块）
洋葱：1 个（切碎）
蒜：1 头（切碎）
番红花：1 小撮
雪利酒：20 mL（最多可至 250 mL）
西班牙橄榄油：4 ~ 5 大匙
高汤：1000 ~ 1500 mL（可用 1/2 左右的
　　　水替换高汤）
番茄酱：1 大匙
月桂叶：2 叶
盐：适量
胡椒粉：适量
香菜：适量（切末）
葱：适量（切末）

做法 Directions ·····························

1. 将番红花放入雪利酒中浸泡，没有雪利酒用米酒代替也可以。
2. 选厚重的锅，先将牛肉过油爆炒上色后，从锅中盛出后静置备用。
3. 锅不需要清洗，直接在锅中加油、洋葱爆香，炒至金黄色，约 10 分钟，可利用这段时间将米洗净、备用，之后加入蒜碎爆香至洋葱呈金黄色，炒 1 ~ 2 分钟。
4. 在锅中加入雪利酒和番红花浸泡液，略收干后加入番茄酱拌炒均匀。
5. 加入米拌炒 3 ~ 5 分钟，让每颗米粒都均匀地裹满油脂与香味，这个步骤是让米饭粒粒分明的关键，米粒外的脂肪可以帮助保留米饭中的淀粉，减少淀粉流入汤汁中的可能性，增加米饭的弹性。

6. 加入高汤与水。搅拌均匀，加入月桂叶及盐和胡椒粉，再加入刚刚炒好的肉，搅拌均匀后盖上盖子以最小火焖 5 ~ 10 分钟，同时将烤箱预热至 150℃。
7. 开盖检查一下，米粒吸饱高汤之后，盖上盖子，整锅进烤箱，烤 15 ~ 20 分钟，期间可以将它拿出来检查，如果汤汁不够就再加些汤汁，如果汤汁太多要开盖稍微搅拌片刻，让水蒸气散掉一些，避免锅中汤汁过多，并试试米粒的熟度，决定最后烤的时间。
8. 我习惯用稍低的温度，比较缓和地加温，以弥补其他制作步骤中的不足。
9. 米饭熟透后，将锅盖取下，稍微搅拌一下米粒，让每一粒米都有呼吸新鲜空气的机会。用香菜和葱点缀、调味即可。很多人都问：不用不粘锅到底会不会粘？其实，在焖饭时，将温度与湿度控制在相对稳定的状态，再加上一口好品质的锅，是可以做到几乎不粘锅的。

✖ 易犯错误 Common Error：
米饭熟度控制得不好。

✔ 改进之道 Improved Methods：
刚开始放高汤的时候可以少放一点，进烤箱前若汤汁不够可以再加一点，完全熟之前再根据实际情况决定是否再加入汤汁，避免一开始加太多水造成米饭软烂。

🍷 餐酒 Paring Wine：
西班牙浅龄红酒或白酒

牛肉挞

Beef Tart

挞（Tart）和派（Pie）相类似，不过，在通常情况下，挞是面皮在下面，馅料填在上面，派则是面皮可以在下面，可以在上面，也可以将馅料填入上、下面皮之间。大家对挞的印象可能都停留在蛋挞，不过挞不只是甜的，还可以做成咸的，只要挞皮做熟练了，馅料可以自行变化。这里挞皮用酥皮制作，要自制酥皮有点复杂，建议用市面上现成的酥皮就可以了，或是直接用烤好的挞模即可，可以使制作过程更加简单。

材料 Ingredients（约 4 人份）⋯⋯⋯⋯⋯

酥皮：4 张

鸡蛋：3 个

鲜奶：200 mL

豆蔻粉：少许

牛肉：300 g，选择自己喜欢的部位（切丁）

芥蓝：1 小把（50 ~ 60 g）

洋葱：1 个（切碎）

蒜：3 ~ 5 瓣（切碎）

杏鲍菇：1 个（切碎）

盐：适量

奶酪：适量

做法 Directions ⋯⋯⋯⋯⋯⋯⋯⋯⋯⋯⋯⋯

1. 烤箱预热至 200℃。

2. 市售现成的酥皮多为四方形，所以我们将牛肉挞做成四方形。将铝箔裁得比酥皮稍大，用 2 层比较保险，并折成一个方盒，再将酥皮裁减后放进铝箔方盒中，因为酥皮会粘黏，所以要垫一层烤盘纸方便将其取出。

3. 酥皮四周可以捏一下以定形，这里不用考虑酥皮膨不起来的问题，反而要在酥皮上戳洞并且按压，避免膨胀得太大影响肉馅空间。

4. 将酥皮放进烤箱，烤 15 ~ 20 分钟直到表面呈金黄色，定形。

5. 热锅热油炒洋葱至金黄色，10 ~ 15 分钟后，再加入蒜末与杏鲍菇炒至香软，2 ~ 3 分钟后，加入芥蓝炒 1 ~ 2 分钟，最后加入牛肉，炒至表面上色而且达到想要的熟度，调味、起锅备用。

6. 鸡蛋、鲜奶与豆蔻粉，搅拌均匀，加些盐，此为蛋液。

7. 挞皮烤好后，取出，均匀填入刚才炒好的牛肉及青菜，再加入蛋液，在上面撒上一层奶酪，进烤箱烤 10 ~ 15 分钟，直到表面金黄，刀子刺入塔馅中不会粘黏即完成。

😵 易犯错误 Common Error：

1. 酥皮膨胀得太大，没有空间填放肉馅。

2. 酥皮四个边之间有空隙，蛋液溢出。

😊 改进之道 Improved Methods：

1. 只给酥皮戳洞作用不大，要用东西压住酥皮防止膨胀得太大，这样才能做出既薄又酥脆的酥皮。

2. 酥皮四个边之间要密封紧实。

🍷 餐酒 Paring Wine：

酒体厚实的白酒

老饕牛排

Gourmets Steak

老饕牛排，用到的是上盖肉；上盖肉，也是肋眼外圈肉。

肋眼肉的中间有层油脂，油脂里面是最长肌，一直延伸到脊骨外侧，外面就是上盖肉，又称肋眼眉。

上盖肉有个特性，就算它的熟度比较高，肉的里面还是很红、很嫩，感觉好像很生，其实熟度都已经够了，吃起来也很嫩，风味、油花都足够，比起菲力多了些油脂、弹性与风味。在整条肋眼中，前段的上盖肉最多，到后面慢慢变少，脊骨外侧部位就没有上盖肉了，所以风味不太一样。一些商家在处理肋眼肉时会把肋眼的上盖肉特意取下来做成菜肴。也因为在肋眼肉中上盖肉的量不多，所以单买上盖肉的价格并不便宜，一般是愿意多花些钱的特定饕客才比较偏好。不过不仅是物以稀为贵，上盖肉的确美味，如果有机会还是可以试试不同种类的上盖肉，例如和牛的上盖肉。这里用的是冷藏后的上盖肉，建议不要过度调味，熟度可自由掌握，生一点、熟一点都各有风味。

材料 Ingredients（约 4 人份）

上盖肉：150 ~ 250 g/ 人

红薯叶：1 包（150 ~ 200 g）

玉米：1 根

袖珍菇：1 包

白玉菇：1 包

盐：适量

胡椒粉：适量

奶酪：适量

做法 Directions

1. 用盐水煮玉米，10 ~ 15 分钟，煮完后根据个人喜好用奶酪与盐调味。

2. 上盖肉去筋、去油，并适当调味。

3. 先煎油脂较多的一面（朝下），如果油脂丰富就不需要放油，直接放在铜锅内加热即可。

4. 因为铜锅具有导热快且导热均匀的特性，这里先将肉下锅，再开火加热，用中小火即可；如果用的不是铜锅，建议先将锅烧热再下肉，或是用自己擅长的煎法来操作比较保险。

5. 煎 3 ~ 4 分钟后先看看肉表面的焦褐状况，调整火力大小，尽量在表面呈焦褐色时再翻面，约需 5 分钟。

6. 刚翻面时锅热，所以煎 2 ~ 3 分钟应该可以让肉表面变得金黄，如果肉表面已经变得金黄，可以直接熄火，用余温煎牛排，或是调整火力，煎至自己希望的熟度再熄火。

7. 肉完成煎制后取出放在一旁待用。

8. 锅底应有焦底，直接利用锅焦底最浓郁的风味来炒菜，所以无须洗锅。开火加热加油，下白玉菇及袖珍菇炒 3 ~ 5 分钟，再下红薯叶炒 1 ~ 2 分钟，加盐与胡椒粉调味，锅底焦底的风味应该已被蔬菜吸收。

9. 将菜与肉摆盘上桌。

😖 易犯错误 Common Error：
肉的熟度不够。

😊 改进之道 Improved Methods：
上盖肉红嫩的特性会让人感觉肉比较生，煎肉时火候可以小一点，火力太大会让肉表提早焦褐，容易造成内部熟度不够。

🍷 餐酒 Paring Wine：
老藤（Old Vine）红酒

煎牛肝连

Fry Diaphragm

你吃过猪肝连吗？你喜欢吃猪肝连吗？如果答案是肯定的，那你一定要试试牛肝连。

牛肝连就是横膈肌，比猪肝连少了横膈膜，所以你所见到的牛肝连，很可能是两条被筋膜包着的肌肉。肝连部位有筋，如果要将其煮到全熟的话，其实筋膜不一定要修掉，但如果想要吃生一点的肝连的话，就要去除筋膜。

肝连在国外被称为屠夫牛排（Butcher's Steak），只因为早期屠夫常常舍不得卖这块肉，而是留下自己享用，肉的风味足、嫩度又够，非常值得尝试。

材料 Ingredients（约 2 人份）

牛肝连：半条（约 300 g）
小马铃薯：1 ~ 2 个 / 份
西蓝花：2 小块 / 份
圣女果：3 ~ 4 个 / 份
红酒：100 ~ 250 mL
牛肉汤：100 ~ 250 mL
盐：适量
胡椒粉：适量

做法 Directions

1. 小马铃薯隔水蒸 10 ~ 15 分钟，完成后调味备用。
2. 西蓝花用盐水氽烫 1 ~ 2 分钟，捞出后冰镇，之后取出调味备用。
3. 将牛肝连从中间切开（如果两条肉连在一起），去筋，调味。
4. 如果肝连油脂丰富，煎肉的时候不用放油，煎法请参考 P113 上盖肉的煎法，煎肉的时候可以同时煎圣女果。
5. 肉取出后，锅底的焦底不要浪费，加入红酒收至 1/4，再加入高汤收至所需浓度，加盐和胡椒粉调味。
6. 肉和菜摆盘上菜，用酱汁装饰或调味。

⊗ 易犯错误 Common Error：
肉的熟度不够。

☺ 改进之道 Improved Methods：
上盖肉红嫩的特性会让人感觉肉比较生，煎肉时最好用小火，否则会让肉表提早焦褐，容易造成内部熟度不够。

♉ 餐酒 Paring Wine：
佳美娜（Carmenere）红葡萄酒

葱爆牛肉

Beef With Scallions

材料 Ingredients

肋眼：300 g（切成 2 厘米见方的骰子状）
洋葱：半个（切丝）
葱：2 ~ 3 根（切成约 5cm 的段，葱叶与
　　葱白分开）
青椒（彩椒）：切丝
油、盐：各适量
酱油：适量

做法 Directions

1. 将牛肉调味，锅烧热后加油，牛肉下锅
　爆炒，炒至表面微焦即可起锅，用小碗
　盛装后备用。

2. 锅中留少许底油，再加入适量油，烧热
　后，先炒洋葱与青椒，约 5 分钟后下葱
　白继续炒，炒至所需熟度，加酱油调味，
　起锅前加入先前爆炒的牛肉，再加入葱
　叶，加盐调味，熄火摆盘上菜。

😣 易犯错误 Common Error：
牛肉炒得太干。

😌 改进之道 Improved Methods：
用高温大火炒，第一次炒牛肉时时间不宜
过长，避免牛肉过干。

🍷 餐酒 Paring Wine：
绍兴黄酒

炭烤烧肉

Charcoal Grill

大家对炭烤应该并不陌生，做法不再赘述，仅对炭烤时选择的肉做简单介绍。

炭烤炉温度高，会使肉的内外温差大，所以建议选择有脂肪的部位，这样不容易失败。将肉切薄片，这样，烤肉时肉的内、外温差会小一点，不会外焦内生，这种方法比较适合不经常烤肉的人，能控制好火候的人就可以用厚一点的肉。所以，如果要在家烤肉，建议用牛小排、肋眼、牛五花（腹），这些肉会比较容易烤，如果经验丰富，自然可以选择自己最擅长烹饪的部位来做烤肉。

串烧

Skewer

　　这里介绍的是巴西式烤肉，一次可以烤出一大块的肉，直接在桌边或上桌切出每个人所需要的分量，有趣又美味。这种烤肉方式还可以用于烤猪、鸡、海鲜类，变化多端。

材料 Ingredients

牛肉：可以选择后腿、后腰或肩膀等大块
　　　部位，每人约250 g，若选择其他嫩
　　　一点的部位可以把肉烤得生一点。
白芦笋：适量
杏鲍菇：适量
白米饭或炒饭：适量
调味料：适量

做法 Directions

1. 将牛肉切成适合串烧的形状，如果切成
长条状，可以将其稍微卷一下，再穿入
签子内，适当调味。

2. 将肉烤到适当熟度，根据火力大小与肉
串大小，烤的时间控制在 5 ~ 15 分钟。
烤肉的同时，烤杏鲍菇与白芦笋。

3. 请客人将盘子准备好，将烤好的肉拿到
客人面前直接分切到盘中，与烤白芦笋、
烤杏鲍菇、白米饭或炒饭搭配食用。

😣 易犯错误 Common Error：
肉太硬。

😋 改进之道 Improved Methods：
如果选的部位肉质比较粗硬，则肉会比较适
合逆纹分切成薄片，太大的块会不方便食用。

🍷 餐酒 Paring Wine：
啤酒、波尔多红酒或仙粉黛（Zinfandel）
红葡萄酒

口袋饼

Pita

这种饼在中东地区很常见，我个人觉得它的做法很像我们的烧饼，在饼的中空部分夹自己喜爱吃的食材，吃法很像三明治，面皮则类似比萨和烧饼，很方便又独特。制作时，首选原料为高筋面粉，没有高筋面粉也可用中筋面粉代替，面粉也可以部分或全部换成全麦面粉，变化多端。

材料 Ingredients（6 ～ 8 人份）

温水：330 mL

泡打粉：3 g

糖：3 g

面粉：500 g

橄榄油：30 mL

盐：5 ～ 7 g

牛肉：300 g（切片或切丝）

洋葱：半个（切丝）

葱：一根（切段）

红薯叶：一把（约 150 g）

奶酪：适量

调味料：适量

做法 Directions

口袋面包，面包可以提前做好后放入冰箱冷冻，食用前取出加热即可。

1. 将泡打粉与糖加入温水做初步发酵，约10 分钟。将面粉、盐拌匀，倒进泡打粉液中，加入橄榄油搅拌，这时面团发湿、且黏，不要搅拌到出现面筋，这时候要适当增加面粉调整至所需的黏稠度，面团初步搅拌均匀即可静置发面，到 2 倍大左右停止，需要 1 ～ 2 小时。将面团取出整形，手和工作台要擦些面粉避免粘黏，分切为每份 100 ～ 130 g 的小面团，整形后稍静置 10 分钟。

2. 取第一个面团用手压平，再用擀面杖将面团擀成直径约手掌大小的面饼，擀完后将面饼静置约 10 分钟。

4. 锅中不需要加油，小心、仔细将饼皮平铺在锅上，高温可以很快地把饼皮表面煎干，当饼皮变干后，就尽快翻面。干煎饼皮时多次翻面比一次翻面效果好，双面热得比较均匀而且饼皮厚度也均匀，不会造成一面较厚另一面较薄且容易破的状况。

3. 将平底锅加热至高热，如果有温度计，参考温度为 260 ～ 280℃，不建议将不粘锅加热至此温度，这里用到的是比利时铜锅。

5. 饼皮在煎的过程中会因受热而自然隆起形成真空口袋，煎得较成功的饼皮会从饼皮中间到边缘都隆起。饼皮制作完成后将饼皮从锅中取出备用，或冷藏以后使用。

内馅：虽然这里用的是炒牛肉，不过将内馅换成生菜牛肉片、海鲜、鸡肉、猪肉也同样美味。

1. 先爆炒洋葱与葱白，约 10 分钟后，呈金黄色时加入红薯叶拌炒，约 2 分钟。
2. 加入牛肉片或牛肉丝以及葱段，加盐和调味料调味，爆炒 1 ~ 2 分钟后起锅，加适量奶酪。
3. 小心的把饼皮中间的口袋分开，把馅料填入饼皮中即可享用。

❌ 易犯错误 Common Error：
饼皮黏成整块，没有形成中空。

✅ 改进之道 Improved Methods：
制作饼皮时，将锅烧至较高的温度，多次上、下翻面，让两面均匀受热，形成上、下厚度相同的饼皮；也可以将饼皮放进烤箱烤，用 250℃烤至饼皮呈现浅咖啡色即可。

🍷 餐酒 Paring Wine：
西拉（Shiraz）红葡萄酒

阿根廷烤肉

Argentina Style

　　阿根廷人爱吃牛肉，每人每年吃的牛肉的量在世界上排名数一数二，所以他们创造出很独特的牛肉的做法与吃法。例如现宰牛肉，也就是在亲友聚会时升起火炉，拖一只牛宰杀后，马上就烤着吃，这是很原始的牛肉吃法。

　　阿根廷式烤肉基本会将肉烤至全熟，一般的肉烤至全熟时会发柴，反而一些带油、带筋的会比较好吃，就像是吃牛肉面时我们会喜欢吃带着筋的肉一样。

架烤

Asado

　　这是阿根廷式烤肉常用的方式之一。将篝火生好、牛宰杀完成、牛开膛剖肚后，连肉带骨架在烤架上，将烤架围着火插在地上烤，肉距离篝火要有一段距离，避免温度太高造成肉的熟度不均。聊天、喝酒几个小时之后肉也熟了，大家就可以享用了。肉块大小看个人喜好与习惯，可以整只烤也可以分切后烤。因为这种做法在一般家庭几乎无法复制，所以在此仅做介绍。

炭烤
Charbroil

炭烤是大家比较熟知的方式。相信大家对烤肉并不陌生。如果是讲究一点的阿根廷式烤肉，应该要用木材而不是木炭或燃气，还要找烤肉时会发出香气的木头，例如樱桃木、苹果木、山胡桃木等，烤出来的肉当然更加美味。

材料 Ingredients

无骨牛小排：120 ~ 300 g/ 份
吉米酱：适量
红薯：1 ~ 2 个
芦笋：4 ~ 8 根 / 份
玉米：1 根
木炭：适量
黄油：适量
盐：适量

做法 Directions

1. 找到通风良好的地点，避免在人口稠密区的上风处。
2. 将肉从冰箱取出并调味，置于室温中 30 ~ 60 分钟。
3. 生火，等炭火燃烧完，木炭表面呈现灰白、火隐约出现时，即为适当温度。
4. 生火到开始烤肉有一段时间，可以将红薯放在烤肉架比较低温的地方，慢慢烤，不要浪费热量，红薯要偶尔翻面，烤熟需 1 ~ 2 小时。
5. 烤玉米。不要剥掉玉米的外皮，留着外皮烤玉米可以让玉米熟度更均匀，而且能保留它的水分。将黄油和盐均匀地抹在玉米表面，包上玉米外皮，再包上铝箔纸（铝箔纸光亮面朝内），放在烤架较低温处烤，要定时翻面转动，烤 15 ~ 30 分钟。完成后，用刀削下玉米粒。

6. 分切红薯，在红薯块中间挖个小洞，填入玉米粒。
7. 将肉用吉米酱和盐调味后用炭火烤，厚度在 1cm 以下的薄肉，每面烤 3 ~ 5 分钟，建议只翻一次面。
8. 厚度为 1 ~ 2.5cm 的肉，要用烤肉架比较低温的地方烤，每面烤 5 ~ 10 分钟，建议只翻一次面。
9. 厚度在 2.5cm 以上的肉，可以用烤肉架中高温的地方来烤，每 1 ~ 2 分钟翻面一次，让肉每一面均匀受热，烤肉总时间需 25 ~ 30 分钟。
10. 将黄油刷在芦笋上，排列填满烤肉架空位，调味后只要大火烤 1 ~ 2 分钟就可完成，稍微生一点的芦笋吃起来甜脆。
11. 摆盘，完成。

😵 易犯错误 Common Error：
味道太重。

😊 改进之道 Improved Methods：
酸味与咸味调味料先少量加入，不够再增加。

🍷 餐酒 Paring Wine：
阿根廷马尔贝克（Malbec）红葡萄酒、干型（Brut）香槟或起泡酒、啤酒

吉米青酱

Chimichurri

南美洲有一种很常用的吉米青酱，这道酱很可能是用创始人名字来命名的，真正来源不可考，不过可以确定的是这道酱的做法源自阿根廷，可以将它作为牛排酱，腌肉或蘸肉吃，也可以用它来作白肉、海鲜、沙拉的配酱。做法是用平叶巴西利（意大利芹）为主的青酱，加上带酸味与辣味的调味料。如果找不到平叶巴西利（意大利芹），就用香菜代替。

材料 Ingredients

平叶巴西利（意大利芹）：一大把（约30 g）

柠檬：1/4 ~ 1/6 个（取汁）

蒜：2 瓣（切碎）

盐、胡椒粉：各适量

橄榄油：适量

红酒醋：适量

做法 Directions

1. 将所有材料加在一起，搅拌均匀。
2. 可用食物调理机，将所有食材搅拌均匀即可，不要将叶子打成泥。
3. 香菜和香芹可以互相取代。

易犯错误 Common Error：

味道太浓。

改进之道 Improved Methods：

酸味与咸味调味料先少量加入，若味道不够浓再增加使用量。

美式炭烤肋排

American Charbroil Rib

烤肋排看似简单，实际上制作时却有很大学问，如果要用烟熏、炭烤的方式来烤的话，那就要规划足够的时间和准备适当的器材，不然会比较容易失败。肋排含筋，而且贴着骨头，需要足够的温度与时间，才能把这筋肉转化成胶质。

在户外进行炭烤时，可以把木屑包在2～3层的铝箔之中，然后放在火源旁边制造烟雾。小木块燃烧时间会比木片长，木片燃烧的时间又比木屑长，不过不管用多大的木片，都不要过多，先以50g左右来制造烟，如果真的不够了，再用另外一包来造烟，通常烟是不需要太多的，过多的烟反而不合适。

烤炉的温度要妥善控制，温度过高会造成食材内外熟度不均匀。如果要用家里的烤箱来烤，务必要注意通风、散热。烤箱预热至100～120℃，只要将木片稍微烧一下，吹熄、开始冒烟之后放在加热管的上侧，之后再放进肋排，给予足够空间通风，再等上5～8小时，直到肉可以轻松地从骨头上拨下即成。

材料 Ingredients（约 2 人份）

牛肋排：1 份
甜豆（荷兰豆或毛豆）：1 小把
烤肉酱：适量（这里用的是美式烤肉酱，做法请参考 P31 烤肉酱的制作方法，再自己调整。）

做法 Directions

1. 先将牛肋排用烤肉酱腌制，盖上保鲜膜放入冰箱入味，至少腌 12 ～ 72 个小时。
2. 将烤箱与发烟设备准备好。一般家庭可以用龙眼枝、荔枝枝、泡过后晒干的茶叶作为发烟材料。把树枝用剁刀削成薄片，比较容易发烟、出味道。
3. 将木片或茶叶置于铝箔盆上，稍微点火再放进烤箱底部。烤箱预热准备好之后，将腌好的牛肋排再淋上一层烤肉酱，放进烤箱，因为要用热空气循环加热的模式，烤盆应以悬空方式，这样接触到循环空气的效果比较好。
4. 2 ～ 3 小时后翻面。
5. 如果发烟木料的火熄灭了，再用打火机将其点燃，不过不要生成过多的烟。
6. 等到肋排可以轻易用叉子将肉拨下即完

成，烤制的时间为 5 ～ 8 小时。
7. 将甜豆（荷兰豆或毛豆）用水汆烫一下起锅调味作为美味配菜。也可搭配时令蔬菜。

TIPS

有一种简便的制作方法：直接将有烟熏味道的调味料抹在肋排上，烤熟即可。这种做法可以省却发烟的麻烦，不过这样做与正常烤肉所需的时间还是一样的。另外，也可使用现成的发烟器来发烟、烤制。

易犯错误 Common Error：
烟太多，反而破坏成果。

改进之道 Improved Methods：
刚开始用少量烟开始烤，觉得烟不足再增加烟量。

餐酒 Paring Wine：
澳洲西拉（Shiraz）红葡萄酒

日式烧肉
Yakiniku

这种烧肉的做法是先将肉切成薄片再用肉卷蔬菜一同烤，在菜和肉中间抹的日式烤肉酱的做法请参考P32，所选的蔬菜没有特别的要求，当季的材料、自己爱吃的蔬菜即可。

材料 Ingredients

牛肉切片：2～3片/份
日式烤肉酱：适量
金针菇：1小把
芦笋：适量（绿芦笋、白芦笋也可）
彩椒：1个
茭白：1根
草菇：1包

做法 Directions

1. 将牛肉切片、日式烤肉酱调好、蔬菜洗净切成适当大小后，在肉片上涂些烤肉酱调味，把蔬菜卷在肉中，视需要可以再刷些烤肉酱。

2. 将肉卷卷好后，外面再涂一些烤肉酱，将3～4个肉卷用长竹签穿起根据肉的大小每面烤1～2分钟。然后，将草菇外皮去掉，调味稍微烤一下即可。

⊗ 易犯错误 Common Error：
肉熟度不合适。

☻ 改进之道 Improved Methods：
如果选好一点的肉，就不能烤太长时间。如果肉质太粗硬，可以用逆纹切法让肉软嫩一点。

♨ 餐酒 Paring Wine：
大吟酿清酒、烧酒、啤酒

炒牛舌

Saute Beef Tongue

牛舌的口感非常特别，软、脆，又有嚼劲，我们平常吃的鸡胗的口感比较接近牛舌。用烹饪鸡胗的方式去烹饪牛舌，炭烤、卤、炒都是很好的烹饪方式，不一定要将其做到全熟。

因为牛舌比较特殊，出售牛舌的地方比较少，建议购买时先和卖场说明，根据做法，以选择适合的肉质。品质好（如和牛）的牛舌不需吃全熟的，适合烧烤或炒；肉质粗硬的草饲牛牛舌，适合炖煮，一定要煮到软烂全熟，否则可能难以下咽。个人建议最好买谷饲牛或和牛等级的牛舌，熟度比较容易掌握。

处理牛舌时，必须剥掉外层的厚皮，煮后的熟牛舌的皮会比较好剥。有些处理方法会把舌系带切除，我觉得也可将其留下，依自己需求决定。烤牛舌就和烤一般牛肉一样，切片放在烤架上烤即可；如果要卤，可以用卤牛肉的方式来处理，卤完后切片就可以了，卤的时间会因牛舌品种与烹饪方式不同而异，一两个小时即可，也可用叉子试嫩度，卤至自己喜爱的嫩度即可。这里为大家介绍的是炒牛舌的做法。

材料 Ingredients····························

牛舌：150 ～ 200 g（切片）

香油：2 大匙

酱油：适量

蒜：2 瓣（切碎）

葱：2 根（切段）

姜：3 ～ 4 片

辣椒：使用量依自己的喜好程度而定

做法 Directions ····························

1. 将牛舌用盐水氽烫 5 ～ 15 分钟，完成后取出放在一旁凉凉后备用。
2. 将锅烧热后加适量油，爆香葱、姜、蒜、辣椒，再加入氽烫过的牛舌，最后加入酱油、香油调味。

😣 易犯错误 Common Error：

牛舌熟度不足，咬不动。

😌 改进之道 Improved Methods：

如果不清楚自己买到的牛舌是哪种等级，建议将牛舌煮到全熟，并卤制。

🍶 餐酒 Paring Wine：

大吟酿清酒

骰子牛肉

Cubic Beef

材料 Ingredients··

牛肉：150g/ 份，因为牛肉肉质较厚，所以
　　　要选软嫩一点的牛肉，菲力、肋眼、
　　　牛小排、西冷牛排都是不错的选择，
　　　图中所示的是菲力。
彩椒：1 个
葱：1 根
调味料：适量

做法 Directions ··

1. 将牛肉切成骰子形状，约 3 厘米见
　 方的大小。

2. 把蔬菜洗净，切成适当大小后，将牛肉、
　 彩椒与葱穿在一起，再抹上调味料，用
　 大火快烤，每面烤约 1 分钟。食用时和
　 白米饭或炒饭一起食用。

😣 易犯错误 Common Error：
肉烤得干过熟烂。

😊 改进之道 Improved Methods：
如果怕蔬菜不完全熟，可以提前烫一下蔬
菜，或是选择适合短时间烹调、甚至生吃
的蔬菜，避免烤得太久导致肉太干涩。

🍷 餐酒 Paring Wine：
法国波尔多红酒

烤肉卷

Grilled Beef Rolls

将食材卷在肉片中烤或加热，这种烹饪方式看起来和日式烤肉相类似，不过，这份烤肉卷的分量比较足，烤完后可再分切食用。除了这里介绍的炭烤方式，也可以用炉烤的方式，或是用更大的肉卷其他食材来搭配。

材料 Ingredients··············

牛肉：150 ~ 200 g ／份（切片）
番茄：1 个
罗勒叶：适量
奶酪：适量（每个肉卷用 15 ~ 30 g）
盐、胡椒粉、黄油：各适量
菠菜：1 把（或其他当季青菜都可以入菜）

做法 Directions ··············

1. 番茄去子，切丝备用。将番茄丝、奶酪、罗勒叶放在牛肉片上，仔细卷起后穿串。将穿好的牛肉卷稍微烤一下至适当熟度，并撒盐和胡椒粉进行调味，每面烤 1 ~ 2 分钟。

2. 将菠菜用黄油炒一下，调味备用。将烤好的肉卷切出所需的形状，摆放在黄油青菜上，即成。

😟 易犯错误 Common Error：
牛肉过熟而变得干硬。

😊 改进之道 Improved Methods：
选嫩一点的牛肉，用高温炉烤，烤肉时间略短一点，肉表面呈现焦褐色即可。

🍷 餐酒 Paring Wine：
干型（Brut）起泡酒或香槟

韩式烤肉

Korean Barbecue

有些韩式烤肉在制作时会抹上所谓的韩式烤肉酱，其实，韩式烤肉酱就是由酱油、糖、酸味调味料、辣味调味料混合而成的调味酱料，不过这种做法与原味韩式烤肉的做法相类似，也就是将牛肉片撒盐调味，再用生菜夹烤肉、韩式泡菜与芝麻一起吃，做法简单，又能保留食材原始的味道。

材料 Ingredients

牛肉：150 ~ 200 g ／份（切片）
香油：适量
黑芝麻：适量
莴笋：1 根
盐：适量
泡菜：适量
辣椒：使用量依自己的喜好程度而定

做法 Directions

1. 将莴笋叶从莴笋上折下，洗净沥干后，摆入盘中备用。将牛肉片撒盐、黑芝麻、香油调味，辣椒可依据个人喜好加入。

2. 将肉片烤至所需熟度，每一面烤 20 ~ 60 秒。然后，将牛肉、泡菜放在莴笋叶上，夹在一起享用即可。

😣 易犯错误 Common Error：
牛肉过熟而变得干硬。

😊 改进之道 Improved Methods：
可以选嫩一点的部位，将烤炉温度调高，烤肉时间短一点，专心一点，肉表面呈现焦褐色即可，不要烤太长时间。

🍷 餐酒 Paring Wine：
啤酒

牛肉派

Beef Pie

牛肉派的下层是派皮，中间是牛肉馅，最上层用薯泥调味，严格地说这种做法不能被定义为法国咸派（Quiche），它不同于法式咸派的露天派，反而比较像混合派。不过，做法不用太拘泥，可以调整出自己喜爱的方式。

派皮材料 Pie Ingredients ·····················

面粉：250 g

黄油：150 g，其中 1/3 ~ 1/4 的黄油可用
　　　猪油代替。

冰水：80 mL

盐：3 g

薯泥材料 Mashed PotatoesIngredients：

马铃薯：2 个（约 600 g）

黄油：约 100 g

鲜奶油 或 鲜奶：约 118 mL

蛋黄：1 ~ 2 个

牛肉馅材料 Ground Beef Ingredients：

牛肉：200 ~ 300 g

洋葱：1/2 个（切碎）

竹笋：约 20 g（切小丁）

西蓝花：2 ~ 3 块（切碎）

做法 Directions ·····················

前期准备工作

1. 在黄油处于冰冻状态时，将其切块后加
　　入面粉中，加盐搅拌，用手粗略地捏一
　　捏，慢慢加入冰水，面粉结块就停止加
　　水，如果想要面皮的口感酥松一点，水、
　　油的分量可以再减少。

2. 将面团团好后放入冰箱备用。

马铃薯泥:

1. 将马铃薯去皮后切丁，在盐水中煮 12~15 分钟直到软嫩。然后，将马铃薯丁压成泥，加入黄油及盐调味，最后加入蛋黄，慢慢加入鲜奶或鲜奶油直到薯泥稠度适当即停止，牛奶不一定要全加入。

2. 薯泥的量宁多勿少，薯泥少了，就无法完全覆盖派的表面，如果薯泥多了，可以在烤盆纸上挤些花样，烤薯泥可是既好看又好吃的开胃菜。

准备动手制作

派皮:

烤箱预热至 200℃后，将派皮擀至比盘子稍大，然后倒扣入盘中，修成盘子大小的图形。在派皮底部用叉子刺一些孔，避免预烘时底部因空气膨胀而变形。在派皮上面压一些重物进行定形，放入烤箱烤 10 ~ 15 分钟，直到表面金黄微焦，即可取出备用。

牛肉馅:

用小火炒洋葱至金黄软嫩，约 10 分钟，再加入竹笋与西蓝花炒 2 ~ 3 分钟至软嫩，然后，加入牛肉炒熟，取出备用。

派：

1. 将肉馅填进派皮中，轻轻压平。

2. 将马铃薯泥装入裱花袋，均匀挤在肉馅上，视需要再在薯泥表面做造型。如果没有裱花袋，可以用密封袋暂代，不建议用一般塑料袋，否则会发生挤破的情况。

3. 将派放进烤箱烤 15 ~ 20 分钟，薯泥表面微焦即可出炉。切块后即可食用。

🗙 易犯错误 Common Error：

1. 派皮不酥。
2. 派皮太硬或缩小。
3. 派皮在烤的过程中出现裂缝。

😊 改进之道 Improved Methods：

1. 增加黄油的使用量，减小搅拌或擀面的力度，或是降低面团的温度。
2. 减少冰水的使用量，或是用低筋面粉。
3. 减少黄油的使用量，或是再加入适量水，或是高筋面粉。

🍷 餐酒 Paring Wine：

法国勃艮第（Burgundy）红葡萄酒

真空煮牛排

Sous Vide Steak

之所以要用真空的方式烹煮牛排，就是要精准地控制食物的熟度，也就是温度。这种烹饪方式适用于一些对温度比较敏感，而且在非全熟状态才更能展现出肉质特色的牛肉，像是菲力。如果是需要煮至全熟的带有筋的肉，反正都是要煮到全熟，就不一定要用真空低温煮法。

目前，塑料袋是真空烹调时最适合使用的包装，也因为所选择的塑料袋会在热水里面泡一段时间，所以选择较耐热的密封袋会比较安全且方便。市售的密封袋应该都会标注所能耐受的最高温度，可以直接参考使用说明使用或是询问售货员。

材料 Ingredients·······························

菲力：150 ~ 200g / 份
山苏：300 g
杏鲍菇：1 个，切片
金针菇：适量
盐、胡椒粉：各适量
橄榄油：适量
密封袋：1 个

做法 Directions ·······························

1. 将菲力牛排用盐和胡椒粉调味后，再撒上一点橄榄油，这样做可以帮助传热及让牛肉入味。

2. 将牛肉小心地置于密封袋里，然后仔细地将空气挤出密封袋，再封住袋口；另一种方式是将吸管插入密封袋中，小心地将空气吸出，然后迅速地抽出吸管并封住袋口。

3. 一个密封袋里封一块牛排就好，不要试图封多块牛排，因为在没有机器协助的情况下，将牛肉密封在密封袋内并不是件容易的事。

4. 选择大小适中的锅并在锅中加入适量的水，牛肉密封好、放入锅中后再开火加热，锅里的水加热到 60 ~ 65℃为止。如果有温度计，用温度计直接测温会更安全、更准确。

5. 从温度到达 60℃时开始计算，将肉放在65℃左右的水中煮 25 ~ 35 分钟，如果使用比较高的温度煮肉，时间可以相对缩短，在 70℃左右的水中煮 20 ~ 30 分钟，在 75 ~ 80℃左右的水中煮 15 ~ 20 分钟，这样可以将牛肉处理到五分熟左右。肉在水中煮的时候，可以进行配菜的制作。将山苏与金针菇用热水烫一下，捞出后加少许盐进行调味；将杏鲍菇调味后用炭烤炉烤一下，或是用锅稍微煎一下也可以。

6. 当肉完成在水中的加热过程，从密封袋中拿出时，肉呈现的是灰白的肉色，这时，肉还需要上色，也就是用高温将肉表面变成焦褐色。给肉加热时，应选用材料通体较厚的锅具，这样，在肉下锅时候，锅的温度不会下降很多，肉表焦褐效果才会明显。一定要在锅热时，加入沙拉油或高温油，高温时将肉下锅，肉的表面才会快速变成焦褐色。

😣 **易犯错误 Common Error：**
水温控制得不稳定，温度太高造成肉质变硬。

😊 **改进之道 Improved Methods：**
使用温度计，即使普通的温度计也对控制温度有帮助。

🍷 **餐酒 Paring Wine：**
西班牙门西亚（Mencia）红葡萄酒

7. 将肉和菜组合上桌，即成。

卤牛颊

Braised Beef Cheek

烹调牛颊时，可以用类似猪头肉的烹调方式，外国人用红酒炖牛颊，我们用酱油卤猪头。牛颊用红酒来炖煮，最后用酥盒的形式来呈现，因为酥皮的做法相对复杂，建议买市售的半成品酥皮即可。还有，要在低温的环境中快速地处理酥皮，不然酥皮会塌掉而无法膨胀。

材料 Ingredients（约 4 人份）

牛颊：2 块（约 1kg）

胡萝卜：半根（切成滚刀块）

洋葱：1 个（切块）

香芹：2 支（切段）

红酒：1 ~ 2 杯

牛肉汤：1000 ~ 2000 mL

盐、胡椒粉、油：各适量

香菜：适量（切碎）

迷迭香：适量

酥皮：8 片

蛋黄液：1 个

做法 Directions

1. 去掉牛颊外层筋和油，加盐调味。

2. 锅加热后加油，先将牛颊略微煎制至变色，完成后取出备用。

3. 不洗锅，直接将胡萝卜、香芹与洋葱加入爆炒，2 ~ 3 分钟后，把原先上色完成的牛颊加入锅中，再加入迷迭香（或其他自己喜爱的香料）、牛肉汤、红酒、盐、胡椒粉，轻轻没过食材后，开火卤制牛

颊。出锅前加入香菜调味。

4. 将酥皮处理成自己想要的盒子状，中间挖空，酥盒的中间部分挖出圆形、方形都可以。底部可以用叉子戳一些洞，避免酥皮胀得太大。挖出来的酥皮不要浪费，抹上蜂蜜烤一下就是一道饭后甜点。

5. 酥皮刷上一层蛋黄液后放进冰箱冷藏备用。

6. 牛颊出锅前 10 ~ 15 分钟开始烤酥盒，完成后分切牛颊，将牛颊填入酥盒内，用迷迭香装饰后即就可上桌。

😖 易犯错误 Common Error：
牛颊煮得太硬或太烂。

😊 改进之道 Improved Methods：
用小火，卤至筷子可以轻易刺入肉中就完成。

🍷 餐酒 Paring Wine：
意大利巴罗洛（Barolo）红酒、勃艮第（Burgundy）红葡萄酒

红烧牛肉面

Beef Noodle Soup

台湾牛肉面世界闻名，大街小巷都藏有牛肉面店的身影，连外国人都对它赞不绝口。

我在这里要为大家介绍的是法式洋葱汤做法，将法式洋葱汤和牛肉面结合在一起，不放酱油也不放糖，却能煮出咖啡色、甘甜的牛肉汤，想尝试一下的朋友不妨试试。

材料 Ingredients（约 4 人份）

牛腱：2 条
洋葱：6 个（切丝，不要切得太细）
黄油：100 g
胡萝卜：1 根 （切块）
盐：适量
红酒：2 杯
牛肉汤：1000 ~ 2000mL（蔬菜汤、鸡肉汤或猪肉汤也可以）
番茄：1 个（切块）
番茄酱：1 大匙
香料：适量（也可用月桂叶、百里香或自己喜爱的香料）
香菜：适量

做法 Directions

1. 选择通体材质较厚重的锅，否则洋葱很容易烧焦。
2. 锅加油后烧热，先将牛腱周边煎成焦褐色，如果有烤箱或炭烤炉，也可以用烤箱的高温或炭烤来上色。
3. 将牛腱从锅中取出后，直接在锅中加入黄油。油热后将洋葱丝加入锅中，小火炒至洋葱出水。炒洋葱时不应该发出"吱吱"的炒菜声，有这种声音的话就是火太大，要把火调小。水分慢慢收干后，洋葱的颜色会越来越深，40 ~ 60 分钟后会变至深咖啡色。
4. 将牛肉放回锅中，加入胡萝卜、番茄酱、香料、红酒及牛肉汤，轻轻没过食材即可。当高汤的量不够时，可用水代替。
5. 盖上锅盖，依照牛肉种类不同，以小火煮 40 ~ 150 分钟，直到牛肉软嫩，最后加入番茄。
6. 将牛肉取出切片，另取一锅煮拉面，面煮好后将面盛入碗中，舀些汤汁，在面上码上牛肉片及香菜，即成。

✖ 易犯错误 Common Error：
炒洋葱时火太大，使洋葱烧干。

✔ 改进之道 Improved Methods：
洋葱会很黏稠，不要用锅身太薄的锅；小火炒洋葱要有耐心，前几次炒洋葱的时候火一定要小一点，时间一定要长一点，等到积攒一些经验之后再来调整速度。

🍷 餐酒 Paring Wine：
黑后（Black Queen）红葡萄酒。黑后葡萄是台湾特有原生葡萄品种，酸度够，风格足，可以搭红、白肉或海鲜，拿来配台湾牛肉面或是各种菜肴，最合适不过了。

左图为生牛腱心，价格比一般牛腱略高一些。右图则为处理过的牛腱心。

牛肚汤
Tripe Soup

牛肚汤是一道很受欢迎的墨西哥料理，味道辣，锅里五味杂陈，嘴里风味十足。很像是酸辣版的牛杂汤，制作时，虽然用到的原料很多，做法却很简单。

材料 Ingredients（6 ~ 8 人份）

牛肚：1 片（约 1kg）

洋葱：1 ~ 2 个（切块）

蒜：1 整头（切碎）

猪蹄：1 个（约 0.5kg，切块）

龙舌兰酒：1 杯

胡萝卜：1 根（切成滚刀块）

马铃薯：1 ~ 2 个（切块）

薏米：100 ~ 150 g（另可加自己喜爱的豆类，如毛豆、黑豆、四季豆，甚至夏天当季的莲子）

油：适量

辣椒：3 ~ 8 个

月桂叶：3 片

番茄酱：2 大匙

番茄：1 ~ 2 个（切块）

奥勒冈叶（干）：1 ~ 2 大匙（或用自己喜爱的香料）

茴香子：1 ~ 2 大匙

盐、胡椒粉：各适量

做法 Directions

1. 将牛肚切成约 5 厘米见方的小块，因为猪肚在煮之后会缩水，所以不宜将其切得太小。切完后和猪蹄一起余烫备用。

2. 将猪蹄炸至变色，然后取出备用。

3. 炒猪蹄的锅不用洗，直接加入洋葱，爆香约 10 分钟，再加入蒜末，爆香约 2 分钟，之后加入酒，收至半干。

4. 加入牛肚，这里可以用其他牛杂或自己喜爱的肉杂、鸡爪、鸡胗、猪肚、羊肚、耐煮的内脏肉，都很美味。

5. 有些干货如薏米、干莲子或豆类要先用水泡 10 ~ 30 分钟，再加入锅中熬煮。

6. 加入所有材料与调味料，最后再加水，也可以搭配一些高汤，这锅汤不需要太浓稠，所以水可以多加一点，所加水的量约为食材的 2 倍。有些食材例如新鲜番茄、新鲜豆子、新鲜莲子可以在出锅前 30 分钟再下锅煮，汤在熬煮的过程中要撇除表面浮沫。

😣 **易犯错误 Common Error：**
不同材料炖煮时间相同导致有些食材太硬、有些食材太烂。

😊 **改进之道 Improved Methods：**
掌握一下各种食材的炖煮时间，尽量通过调整每种食材的烹饪顺序让不同食材同时熟。

🍷 **餐酒 Paring Wine：**
啤酒

卤带骨牛小排

Braise Bone-in Short Rib

牛小排是牛的第6~8节肋骨，所以多将这3根肋骨一起切修：可以把骨头去掉，成为去骨牛小排，也可以把肉留在骨头上，成为带骨牛小排。

比较常见的牛小排的规格，是连骨带肉直接横锯成约2cm厚，煎一下或烤一下就可以享用。另一种切修方式，是顺着骨头切成3份，每根骨头约20cm长，卤一下也很美味。有些卖场也提供特定规格切修服务，可以按照消费者需求，将骨头切出特定长度。

如果牛肉本身没有腥味而且嫩度良好，基本上不需要腌渍，直接卤出肉香味即可。将牛肉先腌一晚再卤也是不错的方式。

材料 Ingredients（3 ~ 6 人份）

带骨牛小排：1 根 / 份
姜：4 ~ 5 片
白萝卜：1 根（切成滚刀块）
胡萝卜：1 根（切成滚刀块）
蒜：1 大头（切碎）
酱油：适量
鱼露：2 大匙
米酒：2 ~ 3 杯（500 ~ 750 mL）
八角：4 ~ 5 粒
冰糖：1 ~ 2 大匙
番茄酱：1 ~ 2 大匙
油：适量

做法 Directions

1. 将姜、蒜放入油锅中爆香，再将牛肉下锅炒至表面呈焦褐色，加入 2 大匙鱼露可以让牛肉更容易上色并添加风味，煎到肉表面呈咖啡色。

2. 加入酱油，依据酱油咸度来决定加入酱油的量，等到肉色呈现均匀、美丽的褐色，再加入八角、冰糖、番茄酱与自己喜欢的香料。最后加入 2 ~ 3 杯米酒，多一点也无妨，再加水至汤表面轻轻没过食材。

3. 盖上盖子，根据牛肉等级与肉质，小火卤 40 ~ 120 分钟，控制火力在卤汁冒小泡泡的程度。如果有温度计，将卤汁控制在 80 ~ 85℃，如果觉得小火的火力还是太大，可以开一点盖子，或是直接将炖锅放入 150℃的烤箱中，可以稳定地控制温度。出锅前 20 分钟，加入白萝卜与胡萝卜。

4. 当筷子可以轻易地刺入牛肉中时，卤制过程就完成了。

5. 如果想要卤牛小排有焦酥的外皮，可以用烤箱高温烤出酥皮，或是用高温的锅再煎一下表面，制造脆皮效果。

😵 易犯错误 Common Error：
牛肉味道太咸或太淡。

😊 改进之道 Improved Methods：
所有材料下锅之后，就要把卤汁味道试好，酸、甜、辣、咸的程度最好一次调到味，这样，卤肉的过程就可以一次完成了。

🍷 餐酒 Paring Wine：
高粱酒搭配酸梅和冰块

牛肉干

Beef Jerky

牛肉干的做法非常简单：先把牛肉卤好，再把牛肉放进烤箱烤干。要把肉做成肉干，就要将肉做脱水处理。也有牛肉干在制作时未经烹煮，直接风干、熏干或熏烤，具体采用哪种做法要根据家中有哪种厨具而定。

牛肉干的味道，由个人喜好来决定，咸甜、咸、咸辣是几种比较常见的牛肉干的口味。

"有筋、有肉、没油"的部位的牛肉比较适合做牛肉干，所以牛大腿肉就比较适合用来制作牛肉干。

材料 Ingredients（4 ~ 6 人份）·········

牛肩排（板腱）：1 块，约 1kg

油：适量

酱油：适量

盐、调味料：各适量

辣椒酱：适量

姜：4~5 片

蒜：1 大头（切碎）

鱼露：2 大匙

米酒：2~3 杯（500~750mL）

八角：4~5 粒

冰糖：1~2 匙

番茄酱：1~2 匙

做法 Directions ································

1. 请参考 P155 "卤带骨牛小排"的制作方法，将整块牛肉卤至软嫩，味道要加重一点，甜味、辣味、咸味都要比正常卤肉重一点，完成后准备烤干。

2. 烤箱预热至 200℃。

3. 将卤好的牛肉切成约 1cm 厚的肉片，可以切得厚一点也可以切得薄一点，烤的时间也依据肉片的薄厚进行调整。

4. 将肉片放进烤箱烤之前先尝一下味道，味道不够浓的话可以再添加调味料。根据自己喜欢的肉干的干燥度和肉的厚度，将烤肉片的时间调整为 40 ~ 120 分钟。

⊗ 易犯错误 Common Error：
牛肉干的味道太淡。

⊘ 改进之道 Improved Methods：
如果觉得用正常卤肉的方法做出来的牛肉干味道太淡，卤肉时可以多加一点调味料，烤肉前如果觉得肉的味道不够，一定要调出自己喜欢的味道再烤。

🍷 餐酒 Paring Wine：
卡伯纳（Cabernet Sauvignon）红葡萄酒、高粱酒、啤酒

烤牛腱干

Beef Shank

用牛腱肉做牛肉干，口感会和用牛腿肉做成的肉干大不相同。制作时，可以将牛肉先切成厚片后再炖，这样可以缩短烹饪的时间，也比较容易入味。

材料 Ingredients（4～6人份）·········

牛腱：1～2块
油：适量
酱油：适量
盐：适量
调味料：适量
辣椒酱：适量

做法 Directions ·································

1. 将牛腱顺着纹划开肉筋，这样，在加热的时候肉就不会出现缩水的情况。

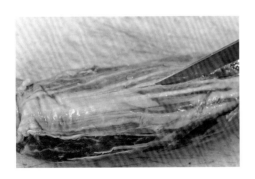

2. 将牛腱切成1cm左右的厚片后，加盐和酱油调味。

3. 将肉略微煎一下后，加入调味料，炖40～90分钟，直到牛腱软嫩。烤箱预热至200℃，肉进烤箱烤之前涂抹适量的辣椒酱，味道要重一点才够味。将肉放入烤箱中烤，每面烤20～30分钟，只要肉片达到自己喜爱的干度就可以出炉享用。

😖 易犯错误 Common Error：
肉炖太烂不成形。

😊 改进之道 Improved Methods：
要注意肉的熟度，牛肉不宜炖得过于软烂。

炖牛肉卷

Stewed Beef Roll

用牛肉卷起自己喜爱的肉或菜，捆绑定形后再卤，将卤肉卷切片后即可上桌。这种做法不限肉及其他食材的种类，也不限肉片的大小，这些都可以根据需求而定。

材料 Ingredients（4 ~ 6 人份）

牛肉片：500 g，切成 2 张大薄片，肩肉、腿肉均可。

洋葱：1 个（切碎）

蒜：1 头（切碎）

红薯叶：约 300 g

杏鲍菇：1 个（切条或切丝）

盐、胡椒粉：各适量

香料：适量

胡萝卜：半根（切成滚刀块）

高汤：约 1000 mL

油：适量

做法 Directions

1. 用肉锤将牛肉片敲薄、敲平整，用肉锤敲肉还可让肉嫩一点，处理后撒盐调味。
2. 用浅炖锅直接炒洋葱、蒜、杏鲍菇与红薯叶，炒好后将菜倒出备用，无须洗锅。
3. 将菜平铺在肉片上，卷起来后用食用级棉线绑好。
4. 在炒完蔬菜的锅中直接倒油并烧热，将肉卷先煎至四面呈焦褐色。
5. 肉卷完成上色后，加入胡萝卜、香料与高汤，没有高汤就用酱油和水代替，加

至肉卷一半的高度即可，也可以在卤汁中加适量酒，盖上盖子用极小火煮。

6. 每 20 ~ 30 分钟翻一下面，直到牛肉软嫩。使用的牛肉部位、肉卷大小与等级不同，卤的时间也不同，30 分钟 ~ 3 小时不等，大概时间需要自己判断。
7. 上菜时，剩下的没有卷到肉卷里面的菜可以炒一下，铺在盘子上，肉卷切好之后放在菜上面，卤汁则可以淋在肉上，撒适量胡椒粉，再用一些锅内的菜装饰即可。

❌ 易犯错误 Common Error：

肉没有熟透。

✅ 改进之道 Improved Methods：

用小一点的火，长时间来卤肉，这样肉比较容易软嫩、入味。

🍷 餐酒 Paring Wine：

歌海娜（Grenache）红葡萄酒

煎炸小牛胸腺

Sauted Calf Thymus

提到胸腺，其实可以省略"小牛"二字，因为只有小牛才会有胸腺，小牛长大之后胸腺就消失了。

胸腺常被归纳为内脏，一般人对胸腺比较陌生，而且，胸腺会有点腥味，如果处理不当可能无法得到消费者的青睐。不过，只要处理方法得当，这就是难得的美味。

材料 Ingredients（2 ~ 3 人份）

胸腺：1块（约1kg）
盐：适量
胡萝卜：半根（切丁）
洋葱：1个（切丁）
香芹：2段（切丁）
胡椒粉：适量
鸡蛋：1个（打成蛋液）
面粉：1杯
面包屑：2大匙
蔬菜沙拉：适量
辣椒：适量
香菜：适量
酸味调味料：适量
甜味调味料：适量

酱汁材料 Sauce Ingredients

黄油：50 g
蒜：2瓣（切碎）
洋葱：1个（切碎）
米酒：1杯（250 mL）
高汤：500 ~ 1000 mL
鲜奶油：50 ~ 100 mL
百香果：1个
柳橙：1/2个

做法 Directions

准备工作：

1. 锅中加适量水，煮沸后加入胡萝卜、香芹、洋葱、盐，煮10分钟后加入胸腺，7 ~ 10分钟后，将胸腺单独取出，置于冰水中冷却约5分钟。
2. 小心地去除胸腺外膜。
3. 汆烫、去膜完成之后，将胸腺用保鲜膜包起来稍微压一下再放进冰箱，依自己需要压成圆形、长形、方形，或是直接进行烹饪。烹饪的方式有很多，可以塞在肉里面当配角，也可以当主角用来煎、炒、炸。

酱汁：

1. 取百香果汁与柳橙汁。熟透且表皮已经开始发皱的百香果比较甜，如果百香果太新鲜会比较酸，调味时可能要再加一点糖。取汁后，可以将百香果子过滤掉，也可以留下。
2. 在洋葱中加入黄油炒10 ~ 15分钟至透明，加入蒜末，炒约2分钟至变咖啡色且有香味溢出。
3. 加入米酒，煮5 ~ 10分钟至收干。
4. 加入高汤，煮5 ~ 10分钟至收干。
5. 将洋葱、蒜末捞出来，如果喜欢洋葱的口感，也可以将软嫩的洋葱和蒜末留在里面，加入鲜奶油以及适量百香果汁、柳橙汁调味，最后加盐、胡椒粉调味。
6. 继续收汁到所需浓稠度，完成后备用。

做法：

1. 用平底锅，加入约食材一半高度的油，将油锅加热至 160 ~ 180 ℃。在胸腺外裹面粉，再裹上蛋液，最外面再裹上面包屑。除了盐之外，可在面粉、蛋液、面包屑中加入辣椒，香菜，酸、甜味调味料。

2. 将胸腺放进油锅中炸，炸至金黄色时起锅，沥干多余的油脂。

3. 将炸好的胸腺和酱汁、蔬菜沙拉一起装盘，即成。

⊗ 易犯错误 Common Error：

胸腺有腥味。

✅ 改进之道 Improved Methods：

汆烫胸腺时，在水中加入香料的步骤不宜省略且香料的使用量要足够，如果试吃的时候仍然觉得有腥味，蘸粉和酱汁可以多加一些。

🍷 餐酒 Paring Wine：

干型（Brut）香槟或起泡酒，勃艮第（Burgundy）白酒

牛尾炖饭

Ox Tail And Risotto

牛尾应该是牛身中经常活动的部位，这个部位的肉富含胶质，风味十足，但是，它却不易被煮烂。炖煮此类食材，我喜欢用一种冷、热交替的方式，这种方法是从一位同事的母亲那里学到的：将牛肉煮三次，第一次煮30分钟，不开锅盖关火45分钟，再直接开火煮15分钟，关火45分钟再煮15分钟，再休息45分钟，不但能节省燃料，煮出来的肉也够软嫩、入味。煮的时间和中间关火的时间长短可以按牛肉特性来调整，两次煮牛肉的间隔时间内还可以把牛肉放进冰箱，隔天取出再继续煮，方便又好用。

牛尾炖饭的做法和西班牙炖饭类似，不过在后面的步骤中水分不收干，保持湿润一直到米饭刚好熟透，最后再加鲜奶油、黄油以及奶酪粉调味，怕腻的人可以减少奶制品的使用量。

牛尾材料 Ingredients（4~6 人份）......

牛尾：1 根

油：适量

酱油：适量

鱼露：2 大匙

米酒：2 杯

姜：3 ~ 4 片

胡萝卜：1 根（切成滚刀块）

蒜：1 整头（无须去皮）

甘蔗：1 小段，如果是在甘蔗产季，直接用
整根甘蔗来熬煮也可以。

番茄酱：2 大匙

番茄：1 ~ 2 个（切块）

八角：3 ~ 5 粒（或自己喜爱的香料）

香菜：适量

炖饭材料 Ingredients......

无盐黄油：100 g

大米：3 杯

洋葱：2 颗，切碎

白酒（米酒）：1 杯

盐、胡椒粉：各适量

高汤：500 ~ 750 mL

胡萝卜：1/2 根（切丁）

香菇：2 个（切碎）

鲜奶油：50 ~ 100 mL

帕马森奶酪粉：2 大匙

黄油：30 ~ 50 g

做法 Directions......

牛尾 Ox Tail：

1. 在牛尾中找到骨节，从骨节间切开会比较好切，将牛尾切成长度适中的段。

2. 将炖锅加热、加油，爆香姜片，1 ~ 2 分钟后，加入牛尾与鱼露用高温煎，至表面焦褐，加入酱油，中火煎 15 ~ 20 分钟至牛尾上色。也可用炭烤或是烤箱高温烤，将牛尾烤到肉表变焦褐色，效果更好。然后，加入胡萝卜、蒜、甘蔗、番茄酱、八角，加入米酒或自己喜爱的酒，分量也可以增加，再加水轻没过食材。品尝一下汤汁，保持味道适中、温和。盖上锅盖，小火煮 30 分钟后熄火，焖 40 ~ 60 分钟。再用小火煮 15 分钟（有蒸汽从锅沿轻轻冒出即可），熄火休息

45 分钟，加入新鲜番茄，再盖锅盖小火煮 15 分钟，关火后再焖 45 ~ 60 分钟。检查牛尾嫩度，如果骨肉轻易分离即完成。不同品种的牛尾烹煮时间也不同，视需要再重复小火焖煮的过程，直到牛尾软烂即可。出锅前撒入适量香菜。

炖饭 Risotto：

1. 将大米淘洗干净后沥干水分备用。
2. 将无盐黄油加入到洋葱中用小火炒，加盐，炒到出水、透明后，继续炒 15 ~ 20 分钟，直至洋葱呈咖啡色。
3. 加入白酒用大火收干汁。
4. 加入大米，在洋葱里炒 2 ~ 3 分钟，确定每颗米粒都裹满油脂与洋葱的香味，再初步加盐调味。
5. 将高汤分 3 ~ 4 次加入，第一次所加入的高汤刚好没过米饭，轻摇锅，让米饭与高汤搅拌均匀，可再加盐调味。
6. 高汤渐渐收干，米饭即将粘锅时（这个过程为 5 ~ 10 分钟），再次加入高汤，继续轻轻摇锅搅拌，胡萝卜、香菇等各种蔬菜可以根据需要煮的时间依序加入。
7. 最后试吃一下米粒，高汤快收干前，米粒在七八分熟，继续加少量高汤炖煮，不要加太多高汤以免造成米饭中水分过多。
8. 2 ~ 3 分钟后，米饭约九成熟，这时可在米饭中加入鲜奶油、黄油以及奶酪粉搅拌均匀并调味。将牛尾摆放在米饭上，撒些香菜，即成。

🅧 易犯错误 Common Error：
牛尾：煮得不够烂，牛尾没入味。
炖饭：米饭煮太长时间，米饭发黏。

☺ 改进之道 Improved Methods：
牛尾：因需要炖煮的时间长，所以要提早、甚至在前一天准备，不建议使用高压锅，否则会出现肉虽软嫩、肉却不入味的情况。
炖饭：饭煮到约八分熟时是关键时刻，不要去做别的事，耐心、少量地加高汤并进行调味，这样，米饭的口感才会刚刚好。

🍷 餐酒 Paring Wine：
教皇新堡（Chateauneuf Du Pape）葡萄酒

炖小牛膝

Osso Buco

可能是外国人偏好吃精肉，所以对四肢、头、尾、内脏肉接触较少，而意大利人吃的小牛膝，也就是去掉骨头之后的脚骨，相当于牛腱。

处理小牛膝时，将其横切（骨头周围是一圈牛腱肉），有些食谱强调要用后腿或前腿，其实这两种食材的差异不大，只是大小有别而已，对味道影响不大。一些处理方式会只留下一段脚骨与一些腱肉，或者整只脚骨带腱子肉，这些都是牛膝可能呈现的方式。

卤牛膝的时间和腱子肉差不多，具体的时间是按照品种等级而定的，卤到筷子可以轻易刺入肉中或是骨肉分离，即可。

材料 Ingredients（2 ~ 3 人份）·········
小牛膝：2 块 / 份，或是 1 块 / 份
其他：请参阅 P155 制作卤带骨牛小排时所用的调料。

😖 易犯错误 Common Error：
肉不够烂，或是太干。

😊 改进之道 Improved Methods：
用低温（汤汁冒小泡泡）长时间炖煮，确定肉质软嫩又不干柴。

🍷 餐酒 Paring Wine：
意大利内比奥罗（Nebbiolo）红葡萄酒

做法 Directions ·····························

1. 请参考 P155 卤带骨牛小排的制作方式，不同的是，牛膝的筋多，加热的温度可以高一点点，在 85 ~ 90℃最为合适。
2. 其他卤汁或高汤也都可以直接利用，这样做起来会很方便。

处理后的小牛膝。

威灵顿牛排

Veal Wellington

威灵顿牛排是英国有名的菜肴，口感浓郁，色彩靓丽，如果用整条菲力可以做出6~8人份，如果改成整条猪里脊排，可以做出更多。

材料 Ingredients（约4人份）..............

小牛菲力：1条（800 ~ 1000 g）

酥皮：1大张，建议买现成的，有些特殊食材进口商店出售进口大面积酥皮，如果买不到就用小张酥皮拼接。

蘑菇：200 ~ 300 g（切碎）

蒜：3 ~ 5瓣（切碎）

法式芥末酱：适量

意式火腿：3 ~ 4片（可用软式可利饼或春卷皮代替）

蛋黄：2个（打成蛋黄液）

盐、胡椒粉：各适量

做法 Directions ....

1. 烤箱预热至170℃。将小牛菲力去筋、去油，再用棉线绑一下固定，这样整条菲力的大小会比较一致。

2. 菲力用盐、胡椒粉调味后放进烤箱烤20 ~ 25分钟，期间要翻一次面。

3. 菲力出炉后用炭烤炉或平底锅加热，加热至表面变焦褐色，以增加肉的风味，之后，将菲力静置至少20 ~ 30分钟，也可以将肉放进冰箱冷藏约15分钟。

4. 将蘑菇与蒜碎调味后炒干，水分越少越好，如果不喜欢蘑菇可以用洋葱代替；如果用味道比较咸的意式火腿，蘑菇的味道要调得淡一点，如果用春卷皮则进行正常调味。在桌面上放置一大张保鲜膜，在保鲜膜上平铺意式火腿或是春卷皮（长度等于小牛菲力的长度，酥皮大小也用类似手法丈量）。然后，在意式火腿上均匀抹上炒好的蘑菇。在菲力周围抹些法式芥末酱后，将菲力置于蘑菇上，小心地卷起来、两边转紧后，放在冰箱冷藏 10 ～ 15 分钟定形。

5. 取出酥皮，裁切成适当的大小，再从冰箱中取出包好的菲力，打开后置于酥皮中间，小心、迅速地卷起，并用酥皮卷裁下的边角打捆、固定。

6. 用蛋黄液当酥皮黏着剂，然后在酥皮卷表面刷满蛋黄液。接着，将酥皮卷放进200℃的烤箱中烤 20 ～ 25 分钟，直到酥皮膨胀，表面呈咖啡色为止；如果酥皮卷在刷完蛋液后放入冰箱中冷藏，则烤肉卷的时间需要再长一点。

7. 将肉卷从烤箱中取出后切成厚度均匀的块，在盘中码放整齐，即可。

😞 易犯错误 Common Error：
酥皮中水分过多。

😊 改进之道 Improved Methods：
牛肉烤熟后，静置备用的时间要够长，蘑菇中的水分也要炒干，搭配的其他食材也要炒干水分，避免包在酥皮里面渗出水分，浸湿酥皮而影响口感。

🍷 餐酒 Paring Wine：
波尔多（Bordeaux）红酒

餐会牛肉

Banquet Beef

　　如果要在家中举行餐会，除了要考虑客人的数量与喜好之外，还要考虑厨房的条件以及自己的烹饪功底。越复杂的状况，越要用简单的方式来处理，做些自己有把握的拿手菜，把烹饪的难度降低，才可以轻松地呈现一桌完美的家宴；相反的，如果准备时间长，客人少，要求不多，则可以趁机尝试一些新的、复杂的料理来惊艳四座。

（以下的配搭仅供参考，最后还是要视自己状况而定。）

腌渍入味时间估算		
	人数多	人数少
厨具齐全	烤大块肋眼或纽约克 大型牛肉卷 汉堡，三明治 炭烤烧肉	威灵顿牛排 酥盒牛排 比萨 意大利面 海陆香鲜 挞、派 真空烹调 煎炸小牛胸腺
厨具齐全	卤、炖肉块类的料理 墨西哥料理 意式面包塔 牛肉沙拉 牛肉汤	煎上盖肉 横膈肌 牛肉面类 米粉 葱爆牛肉

图书在版编目（CIP）数据

完美牛肉 / 王永贤著. —北京：中国轻工业出版社，
2023.3

ISBN 978-7-5184-1128-3

Ⅰ.① 完… Ⅱ.① 王… Ⅲ.① 牛肉 – 菜谱
Ⅳ.① TS972.125.1

中国版本图书馆CIP数据核字（2016）第231283号

责任编辑：卢　晶　高惠京　　　责任终审：劳国强　　　整体设计：锋尚设计
策划编辑：高惠京　　　　　　　责任校对：吴大鹏　　　责任监印：张京华

出版发行：中国轻工业出版社（北京东长安街6号，邮编：100740）
印　　刷：北京博海升彩色印刷有限公司
经　　销：各地新华书店
版　　次：2023年3月第1版第8次印刷
开　　本：710×1000　1/16　　印张：11
字　　数：250千字
书　　号：ISBN 978-7-5184-1128-3　　定价：48.00元
邮购电话：010-65241695
发行电话：010-85119835　　　　　传真：85113293
网　　址：http://www.chlip.com.cn
Email：club@chlip.com.cn
如发现图书残缺请直接与我社邮购联系调换
230281S1C108ZYW